INFOcomics

STATISTIK

EILEEN MAGNELLO & BORIN VAN LOON

Impressum

www.infocomics.de

Titel: Statistik. Ein Sachcomic
Reihe: INFOcomics (hrsg. von Wilfried Stascheit)
Autor: Eileen Magnello
Illustrationen: Borin van Loon
Umschlag: Edward Bettison

Titel der englischen **Originalausgabe:**
Statistics. A Graphic Guide
Icon Books Ltd., London, 2010

TibiaPress Verlag GmbH
Abigstr. 11, D-88662 Überlingen
Tel.: 07551.309272; Fax: 07551.309273
info@tibiapress.de
www.tibiapress.de

Übersetzung: Wilfried Stascheit
Wissenschaftliche Mitarbeit: Felix Gaisbauer

Layout: Verlag Die Werkstatt, Göttingen
Druck: Druckerei Uwe Nolte, Iserlohn

ISBN: 978-3-935254-39-7

Besucht uns auf Facebook:

www.facebook.com/infocomics

Ersticken in Zahlen

Wir ersticken in Statistiken. Nicht nur wegen der reinen Zahlen. In der Medienberichterstattung erscheinen die Zahlenwerke häufig als „erdrückend", „beängstigend", „tödlich" oder „beunruhigend", gelegentlich aber auch als „ermutigend". Die Presse suggeriert, dass Statistiken über Verbrechen, Krankheiten, Armut oder Verspätungen nicht etwa nur die Ursache des Problems sind, sondern dass sie sogar reale Größen oder Menschen repräsentieren anstatt lediglich Punkte auf Graphen.

Mittelwert oder Variation?

Viele der aufschreckenden Informationen, die uns die Medien weitergeben, basieren auf statistischen **Mittelwerten**. Aber nicht diese Mittelwerte, sondern **Variation (Streuung)** ist das wichtigste statistische Konzept, das die Medien verwenden, auch wenn das von Journalisten und Reportern häufig ignoriert oder vernachlässigt wird.

Dieses Konzept ist zentral in moderner mathematischer Statistik und spielt eine entscheidende Rolle in biologischer, medizinischer, pädagogischer Statistik und in der Industriestatistik.

Also, warum ist dann Variation so wichtig?

Variation kann man recht deutlich im multikulturellen Großbritannien beobachten, und insbesondere in London, wo inzwischen mehr als 300 Subkulturen mit mindestens ebenso vielen Sprachen (von Acholi bis Zulu) sowie 13 verschiedene Religionen zu finden sind. Für die meisten Menschen bedeutet das Leben in solch einer multikulturellen Gesellschaft, jeden wertzuschätzen, aber nicht alle gleichzumachen (beziehungsweise nicht die ethnisch diversen Gruppen von Individuen auf einen repräsentativen Typus zu reduzieren.)

Diese vielfältigen individuellen Unterschiede verkörpern die statistische Variation und sie ist der Kern der modernen mathematischen Statistik.

Warum Statistik studieren?

Statistiken werden von Wissenschaftlern, Volkswirtschaftlern, Regierungsbeamten, Industriellen und von vielen anderen verwendet. Permanent werden Entscheidungen gefällt, die auf Statistiken basieren und die unseren Alltag beeinflussen: von der Medizin, die wir einnehmen, über die medizinische Behandlung, die wir bekommen, über die Eignungs- und psychometrischen Tests, die Arbeitgeber ihren Angestellten vorlegen, über das Auto, das wir fahren, die Klamotten, die wir anziehen (Wollhersteller nutzen statistische Tests, um herauszufinden, mit welcher Verarbeitung sich ihre Kunden gerade besonders wohlfühlen), bis hin zum Essen und Trinken, das wir konsumieren.

Das Wissen über ein bisschen elementare Statistik kann sogar Leben retten oder verlängern – so wie es zum Beispiel Stephen Jay Gould erging, über den wir später mehr hören werden.

Was sind Statistiken?

Trotz ihrer Omnipräsenz bleibt uns oft unklar, was wir mit Statistiken anfangen sollen. Oder, um einen Kolumnisten zu zitieren: „Zigaretten sind die größte Quelle für Statistiken." Im Englischen drücken Menschen den Wunsch, Böses zu vermeiden, durch die Redewendung aus „I don't want to be another statistic" („Ich möchte in keine Statistik eingehen"). Aber glauben Statistiker wirklich, dass sich die ganze Menschheit auf ein paar Zahlen reduzieren lässt?

Manche halten Statistiken für unwiderlegbar, andere wiederum sind der Meinung, dass alle statistischen Informationen in die Irre führen.

Twain schrieb diesen Aphorismus zwar dem Premierminister Benjamin Disraeli zu (welcher den Begriff 1904 verwendete), aber es war Leonard Henry Courtney, der 1895 als Erster den Ausspruch benutzte (in Saratoga Springs, New York), nämlich in einer Rede über die proportionale Repräsentation der (damals) 44 amerikanischen Staaten.

Es gibt sogar Regierungsvertreter, die Statistiken für die Ursache wirtschaftlicher Probleme halten. Als Scott McClellan, Pressesprecher des Weißen Hauses, im Februar 2004 erklären wollte, warum die Bush-Regierung das Versprechen, mehr Jobs in den USA zu schaffen, nicht einhielt, war seine Stellungnahme simpel.

In Großbritannien forderte die Statistikkommission, dass „Kabinettsmitgliedern untersagt sein sollte, Statistiken vor ihrer Veröffentlichung auszuwerten, da dadurch politischer Vereinnahmung oder eigennütziger Auslegung vorgebeugt werden würde". Nichtsdestotrotz formen die öffentlich verfügbaren Statistiken die öffentliche Meinung, beeinflussen Regierungsentscheidungen und informieren (oder desinformieren) Bürger über medizinische und wissenschaftliche Erkenntnisse und Durchbrüche.

Was bedeutet das Wort Statistik?

Das Wort „Statistik" wird abgeleitet vom lateinischen status, welches zum italienischen Wort *statista* wird, das schon im 16. Jahrhundert den „Statisten" oder Staatsmann beschrieb: Jemand, der sich um die Belange des Staates kümmerte. In Deutschland wurde der Begriff *Statistik* um 1750 erstmalig verwendet, die Franzosen führten *statistique* in 1785 ein und die Niederländer übernahmen *statistiek* in 1807.

Das System wurde zuerst im England des 17. Jahrhunderts vom Londoner Handelsmann **John Graunt** (1620-1674) und vom irischen Naturphilosophen **William Petty** (1623-1687) verwendet.

Im 18. Jahrhundert waren viele Statistiker Juristen; ihr wissenschaftlicher Hintergrund war häufig das öffentliche Recht (der Zweig der Juristerei, der mit dem Staat befasst ist).

Der schottische Grundbesitzer und erste Präsident des Agrarausschusses, **Sir John Sinclair** (1754-1834), brachte das Wort „Statistik“ in seiner Schrift *Statistical Account of Scotland (*Statistischer Bericht über Schottland) mit seiner heutigen Bedeutung in die englische Sprache ein.

MENGE DES GLÜCKLICHSEINS

Sinclair nutzte Statistik eher für soziale Untersuchungen als für politische Belange. Dies führte letztendlich zur Entwicklung der Bevölkerungsstatistik Mitte des 19. Jahrhunderts.

Bevölkerungsstatistik vs. Mathematische Statistik

Es gibt zwei grundverschiedene Arten von Statistiken: Bevölkerungsstatistik und Mathematische Statistik.

Bevölkerungsstatistik ist das, was die meisten Menschen unter Statistik verstehen. Eine Bevölkerungsstatistik ist eine Ansammlung von Daten.

Dieses Verfahren kümmert sich primär um Mittelwerte und nutzt Sterbetabellen, Prozente, Anteile und Verhältniszahlen: Wahrscheinlichkeiten werden häufig für Versicherungsstatistiken verwendet.

Erst vom 20. Jahrhundert an bezeichnete man eine einzelne Gegebenheit mit der Singularform „Statistik".

Mathematische Statistik entstand aus der mathematischen Wahrscheinlichkeitstheorie im späten 18. Jahrhundert durch die Werke der Mathematiker Jacob Bernoulli, Abraham DeMoivre, Pierre-Simon Laplace und Carl Friedrich Gauß.

Im späten 19. Jahrhundert bildete sich die Mathematische Statistik durch das Wirken von **Francis Ysidro Edgeworth** (1845-1926), **John Venn (**1834-1923), **Francis Galton** (1822-1911), **W. F. R. Weldon** (1860-1906) und **Karl Pearson** (1857-1936) als akademische Disziplin aus.

Mathematische Statistik ist eine wissenschaftliche Disziplin, die Variation untersucht und dabei häufig Matrixalgebra verwendet. Sie beschäftigt sich mit dem Sammeln, Klassifizieren, Beschreiben, und Interpretieren von Daten, welche bei Umfragen, Experimente oder klinische Versuchsreihen erhoben werden. Wahrscheinlichkeiten werden für statistische Signifikanztests verwendet

Die Philosophie hinter der Statistik

Die Entscheidung, Durchschnittswerte zu betrachten oder Variation zu messen, gründet sich in den philosophischen Idealen, die das Denken der Statistiker, Naturphilosophen und Wissenschaftler im 19. Jahrhundert bestimmten. Die besondere Schwerpunktsetzung auf den statistischen Durchschnitt ließ sich untermauern von der Lehre des **Determinismus** und der typologischen Idee der biologischen Spezies, welche die **Idee der perfekten Mitte** unterstützte.

Der Determinismus impliziert, dass es Ordnung und Perfektion im Universum gibt …

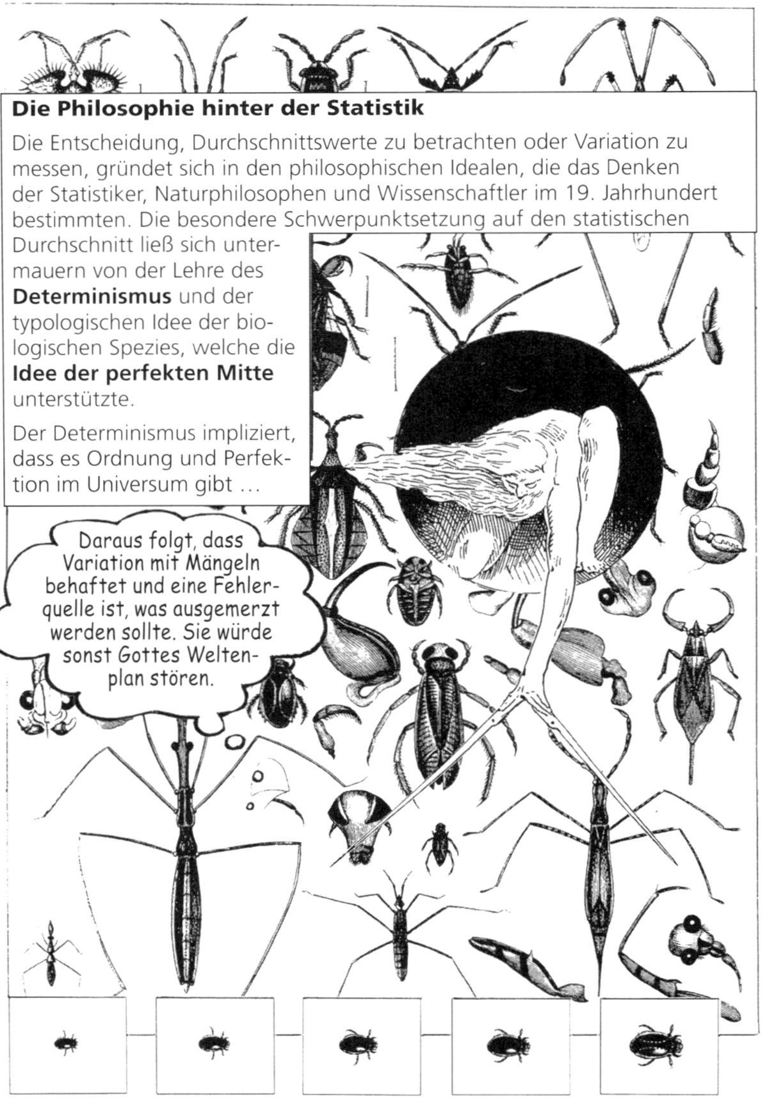

Das typologische Konzept der Spezies, welches das Denken der Taxonomisten, Typologisten und Morphologisten bis Ende des 19. Jahrhunderts bestimmte, führte zum morphologischen Konzept der Spezies. (Taxonomisten klassifizieren Organismen in Gruppen, Typologisten klassifizieren Organismen nach Typen, Morphologisten untersuchen die Formen der Organismen). Spezies sollten den Idealtypus repräsentieren.

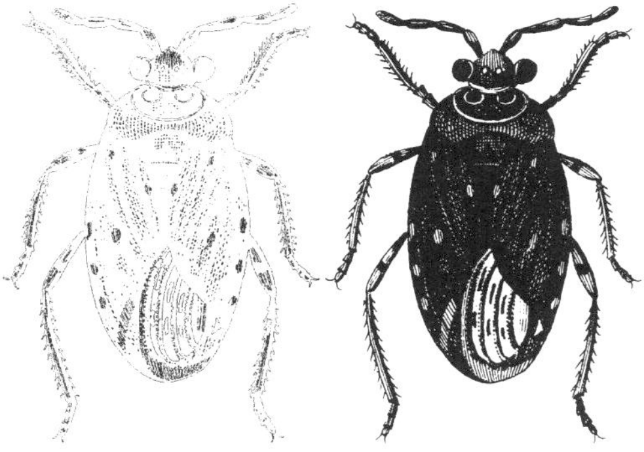

Das Vorhandensein eines Idealtypus wurde von einer morphologischen Ähnlichkeit abgeleitet, welche das Spezieskriterium für Typologisten wurde. Dies hätte zur Einführung vieler Spezies führen können, da jedwede Abweichung vom Hauptrepräsentanten die Neuklassifizierung einer weiteren Spezies bedeutet hätte.

Nach der morphologischen Auffassung der Spezies hingegen wären echte Veränderungen nur durch spontanes Entstehen neuer Spezies möglich. In anderen Worten, neue Spezies könnten nur durch große **Sprünge** innerhalb einer Generation entstehen. Da Darwins Evolutionstheorie „graduelle" Veränderungen beschrieb, war sie mit diesem Essentialismus unvereinbar (es gibt eine notwendige Eigenschaft einer Sache).

Darwin und statistische Populationen

Als Mitte des 19. Jahrhunderts **Charles Darwin** (1809-1882) anfing, graduelle Übergänge bei Pflanzen und Tieren zu studieren, leitete er damit eine ideologische Schwerpunktverlagerung hin zur Varianzbetrachtung ein.

Jede von Darwins Ideen, wie Variation, natürliche Selektion, Vererbung und Umkehrung, schrie förmlich nach statistischer Analyse.

Indem er statistische Grundgesamtheiten (Populationen) betonte anstatt eines Typus oder einer Essenz, hatte Darwin nicht nur gezeigt, dass Variation messbar und bedeutsam war. Er diskutierte zudem verschiedene Arten von Korrelationen, die Mechanismen der natürlichen Selektion erklären konnten. Der Evolutionsbiologe **Sewall Wright** (1899-1988) meinte dazu (1931):

Viktorianische Werte

Auch wenn Teilaspekte der Bevölkerungsstatistik und der mathematischen Statistik in Kontinentaleuropa entwickelt wurden, so ging doch die rasche Entwicklung und Benutzung der Bevölkerungsstatistik Mitte des 19. Jahrhunderts und der mathematischen Statistik des späten 19. Jahrhunderts und des frühen 20. Jahrhunderts von diesen britischen Viktorianern aus:

Die Entwicklung beider Typen von Statistik fand im weiteren Umfeld der viktorianischen Kultur des Messens statt. Viktorianer schätzten nämlich die Präzision und Genauigkeit, die diese Instrumente ihnen lieferten, da sie ihnen verlässlichere Informationen boten. Im sich ausdehnenden Industriezeitalter war es von großer Bedeutung, dass Arbeitsergebnisse auch für den internationalen Markt reproduzierbar waren.

Ingenieure und Physiker verbrachten viele Laborstunden damit, elektrische, mechanische und physische Konstanten für Maschinen und andere Geräte zu messen. Biologen und Geologen sammelten während ihrer Expeditionen so viele Informationen wie möglich, um geografische Karten anzufertigen, Längen- und Breitengrade zu vermessen oder um neue Pflanzen und Tiere zu klassifizieren.

Womit fing alles an?

Volkszählung oder Zensus gehören zu den ältesten bekannten Anwendungen von Statistik: Die Babylonier, Ägypter und Chinesen sammelten statistische Information über ihre Bevölkerung. In erster Linie wollten sie die Anzahl potenzieller Rekruten feststellen und die Höhe von Steuerzahlungen ermitteln. Auch schon Jahrhunderte vor Christus hielten die Griechen und Römer den Zensus ab. Das Wort „Zensus" leitet sich vom römischen „Zensor" ab, dessen Aufgabe es war, zu Steuerzwecken die Leute zu zählen. Ihr Zensus war ein Verzeichnis der römischen Bürger und deren Besitz (siehe auch „Zins"!).

Die skandinavischen Länder führten ihren ersten nationalen Zensus Mitte des 17. Jahrhunderts durch. Die USA hatten ihren ersten Zensus im Jahr 1790, um für die Wahl des Kongresses der ersten 13 amerikanischen Staaten eine proportionale Vertretung zu garantieren.

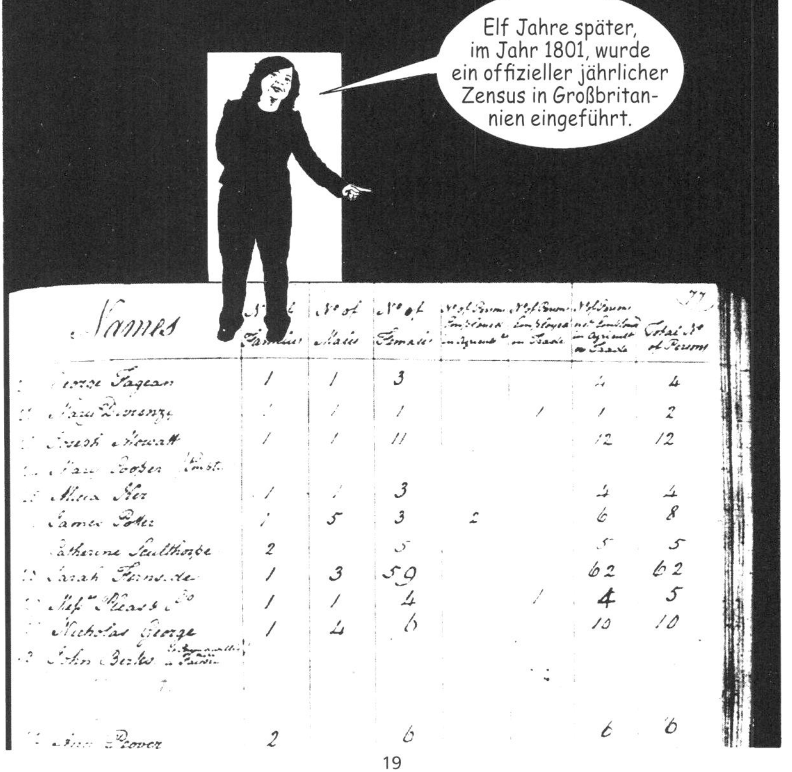

Kirchenbücher

Wie wurde das Volk gezählt, bevor es den nationalen Zensus gab? Kirchenbücher geben wertvolle Informationen über einige der ersten Konzepte zur zahlenmäßigen Erfassung der Bevölkerung. In Burgund führten die Franzosen Anfang des 14. Jahrhunderts die Gepflogenheit ein, Todesfälle und Hochzeiten zu registrieren. Im 16. Jahrhundert war für französische Kuraten (Kirchenbezirke) das Eintragen von Taufen, Hochzeiten und Todesfällen Pflicht. Im Jahr 1538 wurde dank Thomas Cromwell, Staatsmann unter Heinrich VIII., in England für solche Einträge der lokale Klerus beauftragt.

Jedoch wurden Dissidenten und Mitglieder anderer Kirchen vom Verzeichnis ausgeschlossen, ebenso wie viele Mitglieder der Staatskirche, die die Anmeldegebühren nicht bezahlen wollten bzw. konnten.

Die Londoner Todesursachenstatistik

Im 17. und 18. Jahrhundert gab es in England zunehmend christliche Nonkonformisten, die nicht mehr die etablierte Kirche stützen wollten. Obwohl Juden, Quäker und viele andere freie Kirchen Verzeichnisse führten, wurden diese als inakzeptable Quellen für die nationale Liste gesehen, da sie außerhalb des installierten Systems gesammelt wurden.

Da aber so viele Menschen aus der Zählung ausgeschlossen waren, wurde es zunehmend interessanter, ob die Gesamtbevölkerung eigentlich wuchs oder kleiner wurde.

John Graunt machte einen der ersten systematischen Versuche, die über 10.000 Kirchenlisten aus England und Wales in seinem Buch *Natural and Political Observations upon the London Bills of Mortality* (Natürliche und politische Anmerkungen über die Totenlisten der Stadt London) zusammenzufassen. Die Listen enthielten Informationen über Alter, Geschlecht und Todesursache. Graunt beschrieb seine Arbeit als „politische Arithmetik“, ein Begriff, den sein Freund William Petty für ihn prägte.

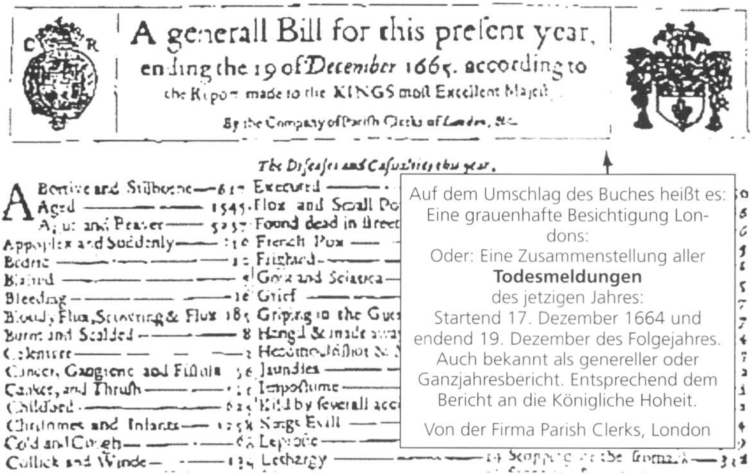
A generall Bill for this present year, ending the 19 of December 1665. according to the Report made to the KINGS most Excellent Majesty.

By the Company of Parish Clerks of London, &c.

The Diseases and Casualties this year.

Abortive and Stilborne	617	Executed	
Aged	1545	Flox and Small Pox	
Ague and Feaver	5257	Found dead in streets	
Appoplex and Suddenly	116	French Pox	
Bedrid	10	Frighted	
Blasted	5	Gowt and Sciatica	
Bleeding	16	Grief	
Bloudy Flux, Scowring & Flux	185	Griping in the Guts	
Burnt and Scalded	8	Hang'd & made away	
Calenture	3		
Cancer, Gangrene and Fistula	56	Jaundies	
Canker, and Thrush	111	Impostume	
Childbed	625	Kild by severall accidents	
Chrisomes and Infants	1258	Kings Evill	
Cold and Cough	68	Leprosie	
Collick and Winde	134	Lethargy	14

Auf dem Umschlag des Buches heißt es:
Eine grauenhafte Besichtigung Londons:
Oder: Eine Zusammenstellung aller
Todesmeldungen
des jetzigen Jahres:
Startend 17. Dezember 1664 und endend 19. Dezember des Folgejahres.
Auch bekannt als genereller oder Ganzjahresbericht. Entsprechend dem Bericht an die Königliche Hoheit.
Von der Firma Parish Clerks, London

Halleys Sterblichkeitstafeln

Die außergewöhnlichste Arbeit des 18. Jahrhunderts über Sterblichkeitslisten war die Erarbeitung der Lebenstafel (auch unter „Vitalitätstafel" bekannt). Die Grundidee kam von John Graunt, entworfen wurde sie jedoch vom Astronomen **Edmond Halley** (1656-1742), besser bekannt durch den Kometen, dem er seinen Namen gab.

Der niederländische Astronom und politische Arithmetiker **Nicolaas Struyck** (1687-1769) setzte Halleys Arbeit und Forschung über Kometen und die Größenberechnungen von Populationen fort.

Struyck organisierte in Holland umfangreiche Bevölkerungsbefragungen, sein größtes Ziel war jedoch, eine logisch durchdachte Schätzung der gesamten Erdbevölkerung zu geben. Er wollte herausbekommen, ob die Bevölkerung wuchs, schrumpfte oder stabil ist.

Die Bevölkerungstheorie von Malthus

Während weiterhin versucht wurde, die Erdbevölkerung zu messen, stellte der Ökonom **Thomas Robert Malthus** (1766-1834) in seinem berühmten Werk von 1798 „An Essay on the principle of population" (Bevölkerungsgesetz) die Theorie auf, dass ein unkontrolliertes Bevölkerungswachstum immer schneller verlaufen würde als das Wachstum der notwendigen Subsistenzmittel, dass also die Verbesserung der Lage der Menschheit nur durch eine begrenzte Vermehrung zu erreichen sei.

Malthus war davon überzeugt, dass die Bevölkerung exponentiell wächst (2, 4, 6, 16, 32 usw.), während die Lebensmittelversorgung linear (2, 4, 6, 8, 10 usw.) zunimmt. Nach seiner Hypothese würde die jeweilige Bevölkerungsgröße immer tendenziell die Lebensgrundlagen übersteigen.

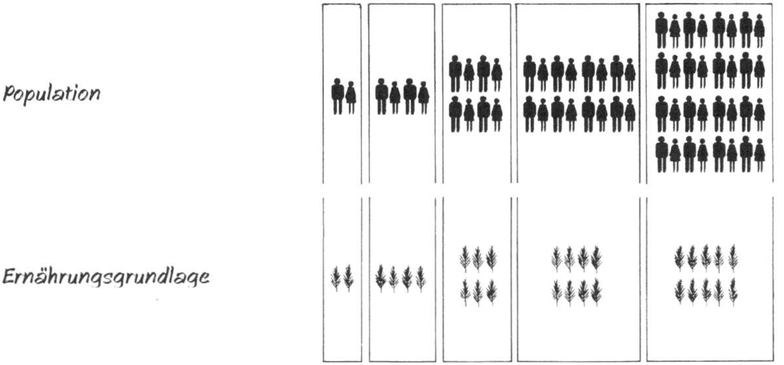

Demografie – Die Bevölkerungswissenschaft

Malthus hielt jeden Versuch für nutzlos, die Lebensbedingungen der unteren Klassen durch Einkommenserhöhungen bzw. durch Steigerung der landwirtschaftlichen Produktion zu verbessern. Er war der Meinung, dass die Geburtenrate durch „moralische Zurückhaltung" zu senken sei. **Demografie** begann so als die numerische Erforschung von Armut.

Obwohl Malthus schon im 18. Jahrhundert feststellte, wie demografisches Wachstum den Wohlstand einschränken konnte, dauerte es noch bis Mitte des 19. Jahrhunderts, bis ein ausreichender Datensatz von Bevölkerungsstatistiken in Europa und den USA vorhanden war, um eine echte Populationswissenschaft möglich zu machen. Der Großvater der französischen Demografendynastie Bertillion, **Jean Paul Achille Guillard** (1799-1896), hat 1855 erstmals das Wort démographie für diese neue Wissenschaft benutzt.

Bedingt durch die Konkurrenz mit Frankreich, die sich durch die französische Revolution und viele innereuropäische Kriege nach 1793 verschärfte, begann die englische Gesellschaft in den letzten Jahrzehnten des 18. Jahrhunderts, potenzielle Rekruten zu erfassen.

Während der Napoleonkriege fand der utilitaristische Philosoph **Jeremy Bentham** (1748-1832) heraus, dass die Regierung die Anzahl der Leute, die Hilfsleistungen bekamen, nicht kannte und noch nicht mal wusste, wie viel Geld im Umlauf war.

Die Londoner Statistische Gesellschaft

Das Fehlen einer amtlichen Registrierung war das treibende Moment für die Gründung der Londoner Statistischen Gesellschaft (heute: *Royal Statistical Society*) im Jahre 1834. Zusammen mit dem belgischen Statistiker und Meteorologen **Adolphe Quetelet** (1796-1874) und mit **Charles Babbage** (1791-1871), der eine universelle Rechenmaschine (ein Vorgänger des Computers) entwickelt hatte, gründete Malthus die Gesellschaft.

Die Gründung des *General Register Office* (GRO) gab England und Wales ein demografisches Registrierungssystem, das zu der Zeit in Europa einzigartig war. Die erste umfassende Volkszählung wurde in England aber erst 1851 durchgeführt, nachdem es Bestimmungen zur Erfassung von Alter, Geschlecht, Beruf und Geburtsort gab und auch Gehörlose und Blinde erfasst werden sollten.

Edwin Chadwick und die Gesundheitsreform

Die erste Volkszählung, die detaillierte Informationen über krankheitsbedingte Todesfälle enthielt, brachte die verheerenden sanitären Zustände in den Städten ans Licht. Die Überbevölkerung führte oft zu schlechten Wohnungssituationen, ohne ausreichende Frischluftversorgung und Hygiene. Senkgruben liefen über und Abwasserkanäle führten direkt zu Flüssen, womit ein weiteres Krankheitsrisiko für die Bevölkerung geschaffen wurde.

Eine Schlüsselfigur bei der Reform des Gesundheitswesens und für den Einsatz von Statistik war der liberal gesinnte **Edwin Chadwick** (1800-1890). Er wurde von der Regierung mit der Umstrukturierung der Hilfsgüterversorgung für arme und notleidende Menschen beauftragt.

William Farr und die Bevölkerungsstatistik

Nach der Gründung des GRO empfahl Chadwick die Einsetzung eines obersten Standesbeamten für die Aufzeichnung von Geburts- und Todesfällen. Die Stelle wurde im Parlament geschaffen, und dazu wurde **Thomas Henry Lister** (1800-1842) berufen, Schwager des Staatssekretärs und vielen Ministern schon bekannt.

Zum Zusammenfassen und Analysieren der statistischen Daten stellte Lister **William Farr** (1807-1893) ein, da er der einzige Arzt war, der sich überhaupt um Bevölkerungsstatistik kümmerte.

Farrs Arbeit als Leiter der Statistikabteilung der Allgemeinregistrierungsbehörde im Jahr 1839 war ein Meilenstein in der Entwicklung der Präventivmedizin und der medizinischen Statistik. Seine Methoden dienten als Muster für viele Länder. Zusammen mit Thomas Rowe Edmunds (1803-1899) gründeten Lister und Farr das moderne Fachgebiet der Bevölkerungsstatistik, aber auch „lebende

*(vital statistics: Bevölkerungsstatistik, aber auch „lebende Maße")

Florence Nightingale: Die leidenschaftliche Statistikerin

Die statistische Arbeit von Farr und Quetelet inspirierte **Florence Nightingale** (1820-1910), eine der berühmtesten Frauen der viktorianischen Epoche. Sie war als „die Dame mit der Lampe" berühmt und leicht wiederzuerkennen. Sie war es, die Krankenpflege zu einem respektablen Beruf machte. Allerdings wissen wir wenig über ihre Rolle als „leidenschaftliche Statistikerin", ein Spitzname, den ihr 1913 ihr erster Biograf, Sir Edward Cook, gegeben hat.

Mithilfe der Methoden und der Ideen der viktorianischen Statistiker konnte Nightingale Regierungsbeamte von der Bedeutung ihrer Erfahrungen aus dem Krimkrieg überzeugen, und sie zeigte, dass sogar die Mortalitätsrate der wiedergekehrten Soldaten reduziert werden konnte.

Als junge Frau lernte Florence bei Abendgesellschaften Wissenschaftler kennen, unter anderem Charles Babbage. Sie war schon in jungen Jahren so fasziniert von Zahlen gewesen, dass sie im Alter von 20 Jahren zweistündige Unterweisungen vom herausragenden Cambridge-Mathematiker **J. J. Sylvester** (1814-1897) bekam.

Morgens studierte Florence Material für Statistiken über Volksgesundheit und Krankenhäuser. Sie bekam mit der Zeit eine große Menge an statistischen Daten zusammen. Sie war damit so glücklich, dass sie fand: „Die Ansicht einer langen Zahlenspalte ist perfekt belebend."

Sie war mit Francis Galton der Ansicht, dass die statistische Untersuchung von natürlichen Phänomenen die „religiöse Pflicht der Menschen" sei.

Die Statistiken des Krimkrieges

Sidney Herbert (1810-1861), Staatssekretär im Kriegsministerium und ein lebenslanger Freund Nightingales, machte ihr 1854 ein außergewöhnliches Angebot.

Sie sollte sich um die britischen Truppen kümmern, die im Krimkrieg kämpften, und dafür eine Gruppe von 38 Pflegerinnen mitnehmen.

Durch ihre Verbindungen zur Regierung und ihr jahrelanges Eintreten für professionelle Krankenpflege hatte sie das Ansehen, das für ein solch außergewöhnliches Engagement nötig war. Vor dieser Zeit durften Frauen nicht zum Militärdienst zugelassen werden.

Herbert hatte auf die öffentliche Empörung nach Presseberichten der *Times* reagiert.

Herbert hoffte dabei, dass Nightingales Anwesenheit die Öffentlichkeit beruhigen könnte. Leser der *Times* spendeten £ 7,000 zu ihrer persönlichen Verfügung, die schlussendlich eingesetzt wurden, um die Bedingungen in Krankenhäusern zu verbessern. Jedoch erzeugte die Aktion auch den Neid von Armeeärzten und Offizieren.

Als Nightingale in Krim ankam, war sie von einem absoluten Chaos im Krankenhaus von Scutari umgeben: Es gab weder Möbel noch Essen, Küchengeräte, Decken und Betten; überall waren Ratten und Flöhe. Sie konnte zwar Schüsseln mit Tee (allerdings ohne Milch) vom Krankenhaus beziehen, allerdings mussten diese Schüsseln von den Soldaten für Waschen, Essen und Trinken benutzt werden.

Sie war die einzige Person mit finanziellen Mitteln und der Autorität, um diese schreckliche Situation zu verbessern. Sie bestellte Essensutensilien, Hemden, Bettlaken, Decken, Matratzen, Operationstische, Sichtblenden und Bettwäsche. Bald baute sie eine Wäscherei und eine Küche auf, und viel Essen wurde von Fortnum & Mason (ein großes englisches Delikatessengeschäft) geliefert.

Sterblichkeitsstatistiken im Krimkrieg

Nightingale bereitete die mangelhafte Datenerfassung in den Militärkrankenhäusern große Sorgen. Es gab keine Koordination zwischen den Krankenhäusern, und es gab keine standardisierte oder zusammenhängende Berichterstattung. Jedes Krankenhaus benutzte seine eigene Klassifikation von Krankheiten und tabellierte sie auf unterschiedlichen Formblättern, sodass jeder Vergleich unmöglich war. Sogar die Anzahl der Todesfälle wurde nicht genau aufgezeichnet: Hunderte Menschen waren begraben worden, aber ihr Tod war nicht erfasst worden.

Polar-Area-Diagramm

Auch wenn Bevölkerungsstatistiker im 19. Jahrhundert schon ein Sortiment von Grafiken und Tabellen für ihre Daten nutzten, so wurde die Verwendung von Schaubildern für statistische Informationen durch Nightingale populärer gemacht. Sie entwickelte das Polar-Area-Diagramm, welches einen Kreis in zwölf Abschnitte gleicher Winkel unterteilt. Die Abschnitte repräsentierten die verschiedenen Monate des Jahres und veranschaulichten die Veränderungen innerhalb eines Jahres.

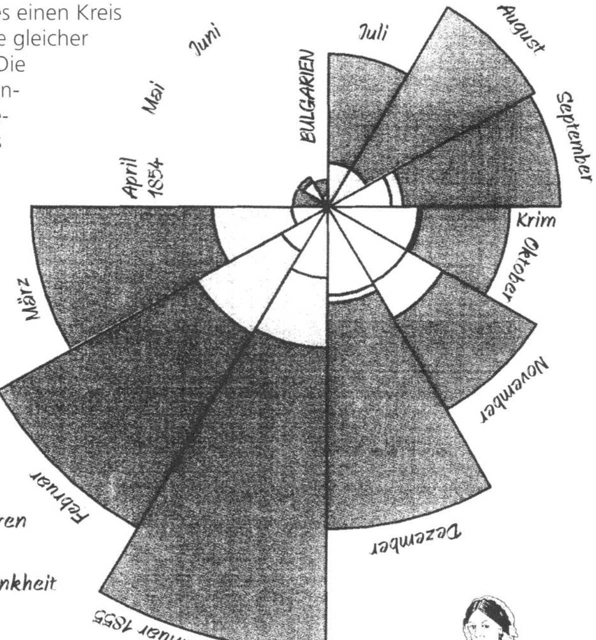

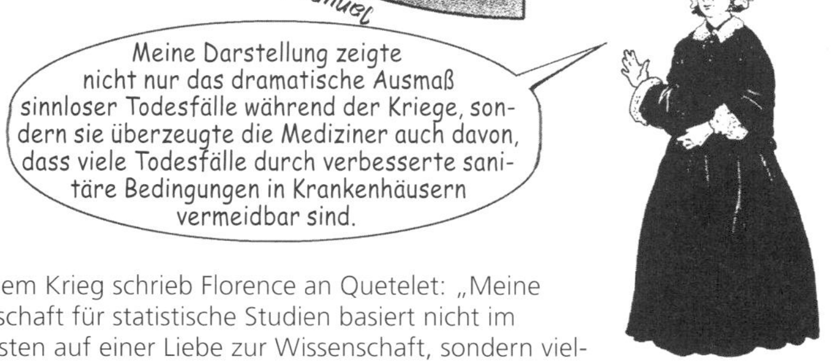

Nach dem Krieg schrieb Florence an Quetelet: „Meine Leidenschaft für statistische Studien basiert nicht im Geringsten auf einer Liebe zur Wissenschaft, sondern vielmehr auf der Tatsache, dass ich so viel Leid und Elend gesehen habe, das einzig aus der Irrelevanz von Gesetzen und der Unwissenheit von Regierungen resultierte."

Wahrscheinlichkeit

Wie gestalteten Statistiker im 19. Jahrhundert ihre Daten handhabbarer? Während die Daten in Diagrammen und Tabellen zusammengefasst wurden, blieben Wahrscheinlichkeit und Mittelwert bis Ende des 19. Jahrhunderts die Hauptwerkzeuge der Statistik.

Wahrscheinlichkeit ist eines der ältesten statistischen Konzepte: Schon im 14. Jahrhundert wurden Wahrscheinlichkeitsansätze als Instrumente genutzt, um Problemstellungen bei Glücksspielen zu lösen.

Es gibt verschiedene Auffassungen von Wahrscheinlichkeit:

1. Subjektiv
2. Als Glücksspiel
3. Mathematisch
4. Relative Häufigkeiten
5. Bayes'scher Ansatz

Zu den sechs wichtigsten Wahrscheinlichkeitsverteilungen gehören:

1. Binomialverteilung
2. Poissonverteilung
3. Normalverteilung
4. Chi-Quadrat-Verteilung
5. Student-t-Verteilung
6. F-Verteilung

Die ersten drei Verteilungen werden auf den Seiten 47-50 diskutiert. Die letzten drei Verteilungen werden verwendet, um die statistische Signifikanz des Chi-Quadrats zu überprüfen (s. S. 153-156). Der t-Test und der F-Test werden später behandelt, nämlich auf Seite 165 bzw. 170.

Es gibt zwei Arten von statistischen Verteilungen: Die **Wahrscheinlichkeitsverteilungen**, welche die möglichen Ereignisse und deren Auftretenshäufigkeiten in einem Zufallsexperiment beschreiben, und die **Häufigkeitsverteilungen** (s. S. 74, 76 und 79-85).

Statistiker verwenden Wahrscheinlichkeitsverteilungen, um die Ergebnisse zu interpretieren, die sie durch statistische Analysen von Datenmengen gewonnen haben. Häufigkeitsverteilungen transformieren eine sehr große Menge von Zahlen in eine übersichtlichere Form und zeigen, wie häufig eine bestimmte Untersuchungseinheit oder ein bestimmter Wert in einer Gruppe vorkommt.

Variablen

Variablen sind zählbare oder messbare Eigenschaften (Merkmale) eines Individuums oder eines Systems. Diese können über die Zeit oder zwischen Individuen variieren.

Variablen können in zwei Gruppen unterteilt werden:

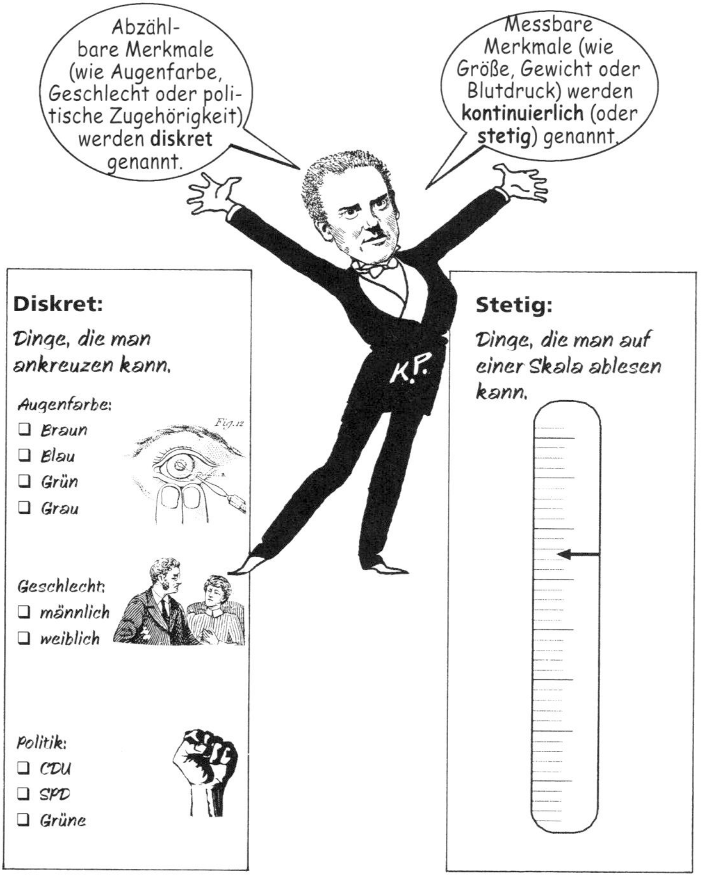

Diese Variablen können weiter unterteilt werden. Darum soll es aber erst später gehen.

Die **subjektive Wahrscheinlichkeitsauffassung** bezieht einen gewissen Grad persönlicher rationaler Überzeugung ein.

Die Resultate dieser Einschätzungen geben häufig persönliche Meinungen wieder. Verschiedene Personen können zu verschiedenen Ergebnissen kommen, es gibt jedoch keine objektive Möglichkeit herauszufinden, wer recht hat und wer nicht.

In der **Spieltheorie** entwickelt man über ähnliche Vorgehensweisen Modelle, in welchen das Individuum Ereigniswahrscheinlichkeiten abschätzt. Die Grundidee ist, die Wahrscheinlichkeiten dort zu verorten, wo sie sich in der Gedankenwelt des Beobachters befinden anstatt in der Außenwelt. Das Problem dabei ist, dass Personen mit gleichen Kenntnissen und gleichen Fähigkeiten zu unterschiedlichen Antworten kommen können.

Glücksspiele

Seit der Mensch in der Lage ist, Würfel zu werfen, werden Glücksspiele gespielt. Aus archäologischen Quellen im Nordirak wissen wir, dass Würfelspiele bereits im alten Mesopotamien gespielt wurden, schon vor Anfang des dritten Jahrtausends vor Christus. Würfelspiele wurden auch während der 18. Dynastie in Ägypten gespielt (ca. 1400 v. Chr.).

Einfache Würfel wurden hergestellt, indem man aus einem langen Tierknochen annähernd ein Vierkantstück machte und den Knochen dann so zerschnitt, dass man Objekte näherungsweise kubischen Formats erhielt. Gewöhnlich wurde das Sprungbein (lat.: astragalus) von den Griechen, und später auch den Römern, für Würfelspiele verwendet.

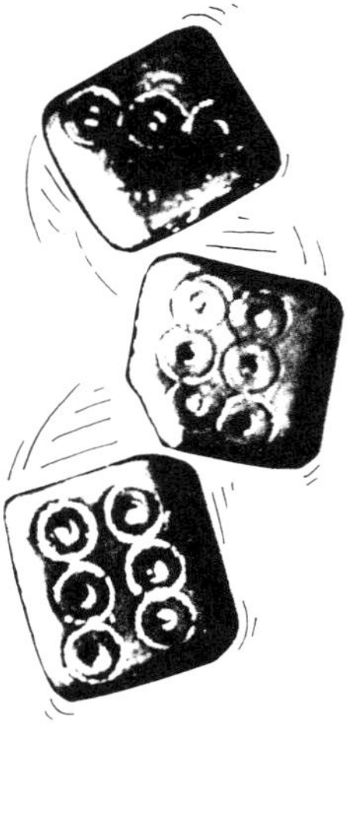

Dante Alighieri
(1265-1321)

Der italienische Renaissancephysiker und Mathematiker **Gerolamo Cardano** (1501-1576) war ein chronischer Zocker, der oft gezwungen war, sich auch damit sein Brot zu verdienen. Er schrieb das erste Buch über Wahrscheinlichkeiten: *Liber de Ludo Aleae* (Buch über das Würfelspiel), welches posthum 1663 herausgegeben wurde. Das Buch wurde häufig als Handbuch für Zocker verwendet.

Doch mit dem Aufkommen der klassischen Wahrscheinlichkeitstheorie im 17. Jahrhundert wurde Glück aus den Rechnungen verbannt. Die klassische Theorie forderte, dass alle probabilistischen Ereignisse mathematisch herleitbar sein müssen. Also mussten sich auch Cardanos glückliche Ereignisse dieser Maxime unterwerfen.

De Moivre und die Zocker in Soho

Der französische Mathematiker **Abraham de Moive** (1667-1754) schrieb das Buch „Doctrine of Chance – or a method for calculating the probability of events in play“ (Die Lehre der Wahrscheinlichkeiten – oder eine Methode für das Berechnen von Ereignissen im Spiel), welches sich mit Problemen des Glücksspiels auseinandersetzte, beispielsweise mit Vorteilen für gewisse Spieler und die Höhe ihrer Wetteinsätze. Genauso wie Cardanos Werk wurde de Moives Buch auch als Zockerhandbuch verwendet.

De Moivre verließ Frankreich im Jahr 1685 aufgrund der Annullierung des Ediktes von Nantes durch Ludwig IV. Dadurch wurde die Duldung der Protestanten im katholischen Frankreich aufgehoben, weswegen Hunderttausende fliehen mussten.

In London angekommen, befreundete sich de Moivre mit Edmond Halley und Isaac Newton. Außerdem wurde er im Alter von erst dreißig Jahren Fellow der Royal Society.

Der mathematische Ansatz

Bis Ende des 17. Jahrhunderts wurden Ansätze der Permutationslehre und der Kombinatorik unter anderem durch folgende Personen auf Glücksspiele angewendet:

... jedoch waren viele Berechnungen und Vermutungen noch recht vage. Aber sie wussten nicht, wie man diese Unsicherheit in Zahlen fassen sollte.

Die mathematische Theorie der Wahrscheinlichkeit gab Statistikern ein Werkzeug zur Reduzierung mathematischer Komplexität in die Hand. Damit konnte gezeigt werden, wie sich Regelmäßigkeiten in einer Datenmenge allein durch Zufall entwickeln können und dass sogar der Zufall selbst auf eine Anzahl von Gesetzen reduziert werden kann.

Dieser Ansatz beschreibt langfristige Zusammenhänge bei Zufallsereignissen. Es ist das Verhältnis der Anzahl eingetretener günstiger Ereignisse (Fälle) zu der Anzahl möglicher Fälle.

$$\frac{\text{Anzahl günstiger Fälle}}{\text{Anzahl möglicher Fälle}}$$

Dies ist ein theoretischer Ansatz, der keine realen Objekte untersucht – es werden lediglich hypothetische Bedingungen aufgestellt und dann Wahrscheinlichkeit mithilfe der Binomialverteilung berechnet (siehe S. 47-48).

Diese mathematische Entwicklung entstand im 17. Jahrhundert und entwickelte sich zur formalen Theorie Anfang des 18. Jahrhunderts. Aber die Anwendung der Wahrscheinlichkeit auf statistische Theorie fand erst ab Ende des 19. Jahrhunderts statt.

Relative Häufigkeit

Relative Häufigkeit ist ein Ansatz, der es ermöglicht, formale Wahrscheinlichkeitsaussagen (P, A) über unsichere Ereignisse zu treffen, wobei „P“ die Wahrscheinlichkeit des unsicheren Ereignisses „A“ ist. Die Wahrscheinlichkeit eines Ereignisses ist also gleich dem Anteil der Fälle, in welchen dieses Ereignis auf lange Sicht eintritt.

Wahrscheinlichkeit einer pünktlichen Landung: 0,80.

Die relative Wahrscheinlichkeit ist ein wissenschaftlicherer und objektiverer Ansatz als die anderen Typen von Wahrscheinlichkeit. Er ist nützlich, um etwas über die Welt herauszufinden und real existierende Objekte zu taxieren. Beispielsweise kann man eine Münze 100-Mal werfen, die Anzahl von Kopf- und Zahlwürfen notieren und das Verhältnis der Zahlwürfe zur Gesamtzahl der Würfe.

In einer seiner ersten Vorlesungen über Statistik warf Karl Pearson Hunderte Centmünzen in seinen Hörsaal und bat seine Studenten, sie aufzuheben und nach Kopf und Zahl zu sortieren.

Aber woher wissen wir, wie oft wir eine Münze oder einen Würfel werfen müssen, damit es sich um einen angemessenen Test handelt? Wenn man eine Münze wirft und 60-Mal Kopf und 40-Mal Zahl erhält, so wird man wahrscheinlich das nächste Mal nicht dieselben Ergebnisse erhalten. Die Wahrscheinlichkeit wird sich ständig ändern, aber bis sie sich stabilisiert, ist die Münze vielleicht schon verschlissen.

Ein Weg, dieses Problem zu umschiffen, ist das „relative Häufigkeitsverhältnis". Es gibt ein Verhältnis an: die Anzahl der Fälle, in denen ein Ereignis bei einem Durchgang eines Experiments eintritt, geteilt durch die Gesamtzahl der durchgeführten Durchgänge bei dem Experiment.

Der Bayes'sche Ansatz

Der Mathematiker und Pfarrer **Thomas Bayes** (1702-1761) nutzte Wahrscheinlichkeit als Erster induktiv und baute so eine mathematische Basis für die Wahrscheinlichkeitsschlussfolgerungen (-inferenzen). Der Begriff „Bayes'sche Statistik" wurde jedoch erst in den 1950ern geprägt.

Das Bayes'sche Theorem ist eine Formel, die zeigt, wie existierendes Wissen, formal ausgedrückt als Wahrscheinlichkeitsverteilung, durch neue Information modifiziert wird.

Beispiel

Das Bayes'sche Theorem kann z. B. von Ärzten in Diagnoseverfahren verwendet werden. Man startet häufig zunächst mit einer Vermutung, dass ein Patient unter einer bestimmten Krankheit leidet oder nicht (basierend auf der Kenntnis der Symptome des Patienten oder der Verbreitung der Krankheit innerhalb einer Gruppe). Diese Vermutung wird dann durch die Resultate klinischer Tests präzisiert oder verworfen.

Wahrscheinlichkeitsverteilungen

Die **Binomialverteilung** ist eine diskrete Wahrscheinlichkeitsverteilung und bildet die Wahrscheinlichkeit bei einer Reihe (Serie) von gleichartigen und voneinander unabhängigen Versuchen ab, die jeweils genau zwei mögliche Versuchsausgänge haben („tritt ein" oder „tritt nicht ein"). Sie beschreibt die mögliche Anzahl von Fällen, dass ein bestimmter Versuchsausgang bei einer Reihe von beobachteten Versuchen eintritt. Beispielsweise liefert die Binomialverteilung die Wahrscheinlichkeit, bei zehn Münzwürfen (n) fünfmal Kopf zu erhalten.

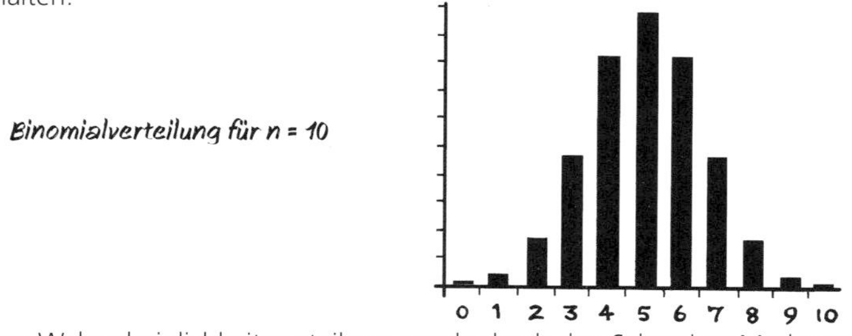

Diese Wahrscheinlichkeitsverteilung wurde durch den Schweizer Mathematiker **Jakob Bernoulli** (1655-1705) eingeführt. Sein posthum erschienenes und einflussreiches Werk *Ars Conjectandi* (Kunst des Beurteilens; dt.Titel: Wahrscheinlichkeitsrechnung) war eines der ersten Werke zur mathematischen Wahrscheinlichkeitstheorie.

Die Binomialverteilung beschreibt (Zufalls-)Experimente, in welchen eine Serie binärer Versuchsausgänge gezählt wird. Jeder einzelne Versuch mit binärem Versuchsausgang wird auch „Bernoulli-Versuch" genannt.

Die Binomialverteilung $(p+q)^n$ hängt von der Anzahl der Versuche n und der Eintretenswahrscheinlichkeit der beiden Versuchsausgänge ab, hier dargestellt als p+q.

Daraus lassen sich verschiedene Wahrscheinlichkeiten des Eintretens von Versuchsausgängen berechnen.

Ein Beispiel: Sehr einfach lässt sich die Wahrscheinlichkeit berechnen, dass bei jedem Versuch das gleiche Ergebnis eintritt. Hierzu muss die Binomialverteilung mit der Anzahl der Versuche expandiert werden – indem man p+q also n-mal mit sich selbst multipliziert.

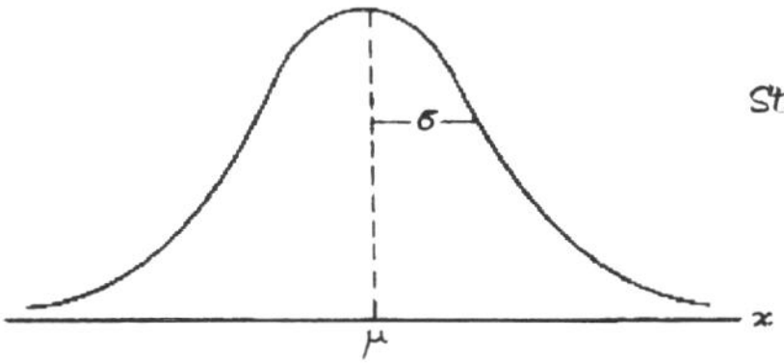

Standardnormalverteilung

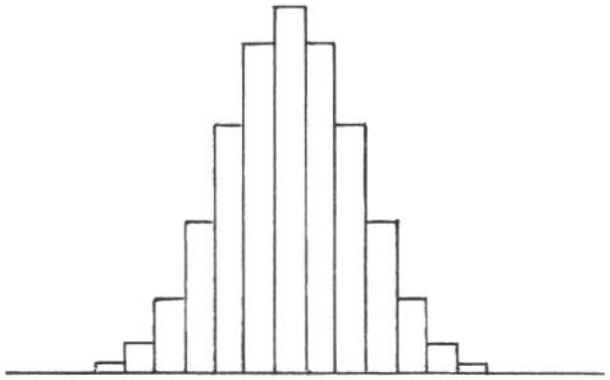

Binomialverteilung, die sich einer stetigen Normalverteilung annähert. (Approximation)

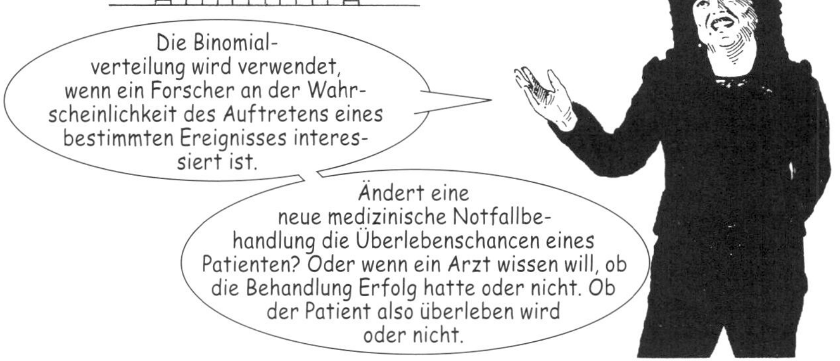

Diese Wahrscheinlichkeitsverteilungen korrespondieren mit unterschiedlichen Arten von Variablen. Diskreten Wahrscheinlichkeitsverteilungen (wie etwa der Binomialverteilung) liegen diskrete Daten zugrunde (wie beispielsweise „Kopf" oder „Zahl" im Münzwurf), während stetigen Verteilungen (wie der Normalverteilung) stetige Daten zugrunde liegen (zum Beispiel Größe und Gewicht).

Betrachten wir im Folgenden ein vereinfachtes Beispiel mit Münzwürfen. Die Anzahl der Versuche ist **n = 2** und die Anzahl der Versuchsausgänge ist 2 (Kopf oder Zahl). Um eine faire Münze zu testen, muss die Binomialverteilung expandiert werden, um die Anzahl der Münzwürfe abzubilden.

Man expandiert die Binomialverteilung **$(p+q)^n$**, indem man p+q zur **n-**ten Potenz nimmt (was gleichbedeutend damit ist, die Zahl n-mal mit sich selbst zu multiplieren).

- **p** und **q** müssen sich zu 1 aufsummieren (ein Münzwurf hat zwei Versuchsausgänge: p = ½ und q = ½)
- **n** = die Anzahl der Versuche oder Münzwürfe (in diesem Beispiel 2)
- Die Binomialverteilung ist **$(p+q)^2$**
- So erfolgt die Expansion für das Binom der Münzwürfe:

Angenommen, wir hätten die Münze zehnmal geworfen und zehnmal Kopf erhalten. Die Binomialverteilung verrät uns dann unter Hinzunahme der oben genannten Regeln wie wahrscheinlich dieses Ergebnis wäre:
$p^{10} = ½^{10} = 1/1024$.

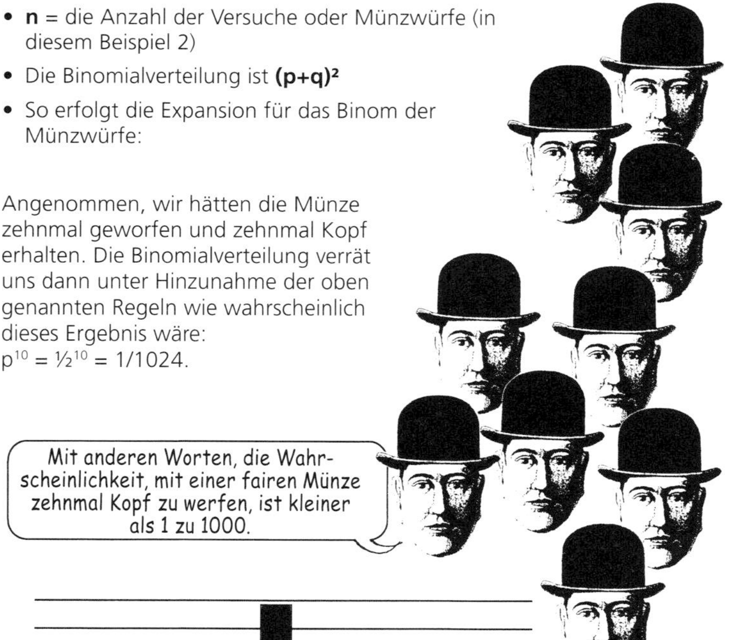

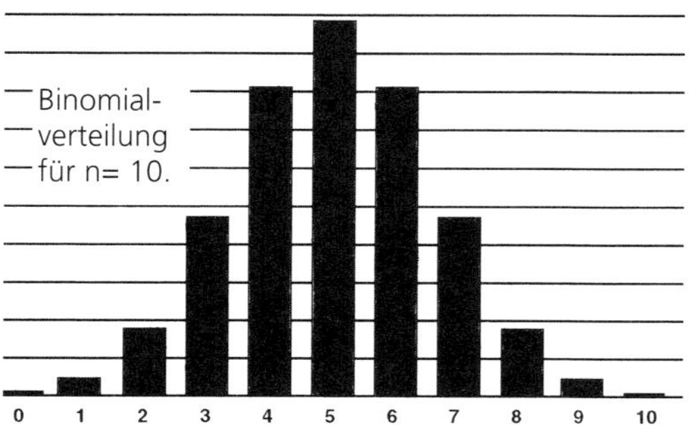

Die Poisson-Verteilung

Die Poisson-Verteilung, benannt nach **Siméon-Denis Poisson** (1781-1840), ist eine diskrete Wahrscheinlichkeitsverteilung, die die Wahrscheinlichkeit eines seltenen Ereignisses in einer Serie häufig wiederholter unabhängiger Versuche beschreibt. Die Poisson-Verteilung ist eine gute Approximation (Näherung) der Binomialverteilung, wenn die Wahrscheinlichkeit des Ereignisses klein und die Anzahl der Versuche groß ist.

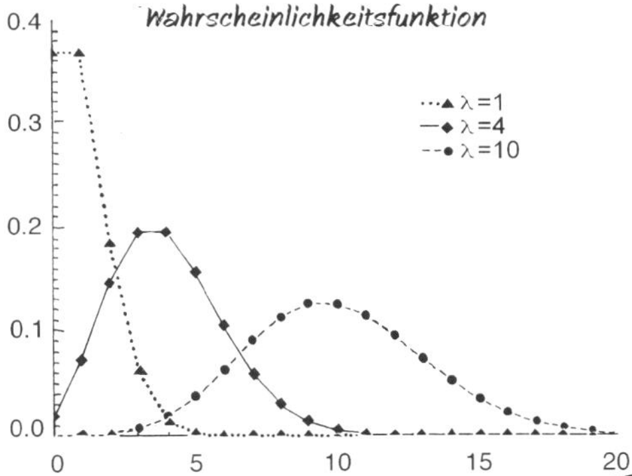

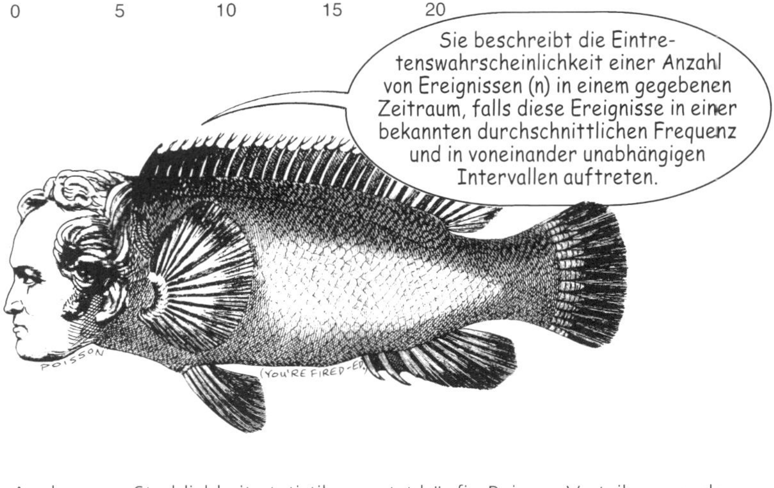

Die Analyse von Sterblichkeitsstatistiken nutzt häufig Poisson-Verteilungen, da angenommen wird, dass die meisten tödlichen Krankheiten unabhängig und zufällig in der Bevölkerung auftreten.

Die Normalverteilung

Die Normalverteilung ist eine stetige Verteilung und ist eng verwandt mit der Binomialverteilung. Mit immer größer werdendem n (also mit immer häufiger wiederholten Versuchen) hat die Binomialverteilung als Grenzwert die Normalverteilung. Hat eine Binomialverteilung also unendlich viele schmale Balken, so wird sie zur Normalverteilung.

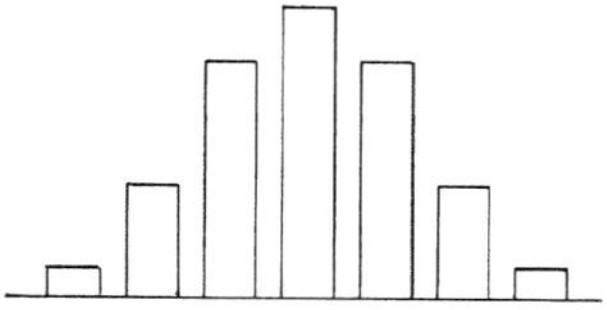

Binomialverteilung

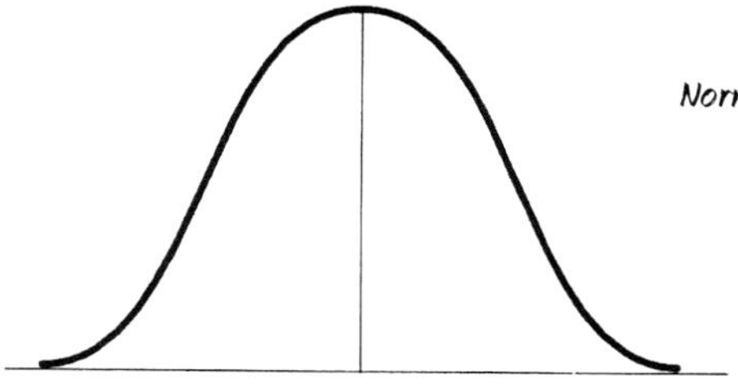

Normalverteilung

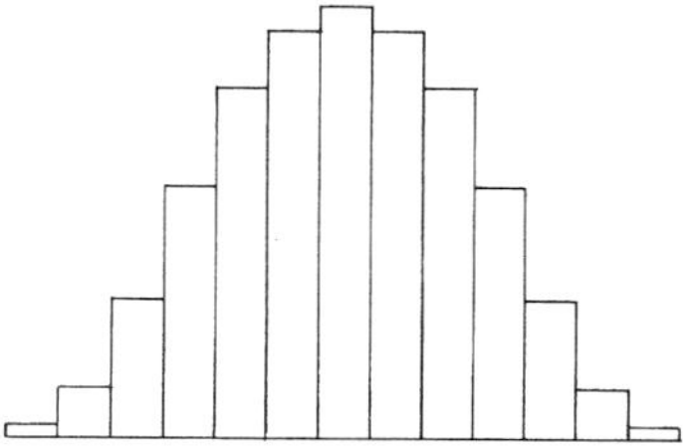

Binomialverteilung,
die der Normalverteilung gleicht

Man kennt sie auch als Glockenkurve oder (inkorrekt) als Gaußverteilung, und sie wird schon seit Langem als Vergleichsmaß für andere Verteilungen verwendet. In moderner Statistik spielt sie eine zentrale Rolle, da sie Statistikern ermöglicht, ihre Daten durch den Einsatz verschiedener statistischer Methoden zu interpretieren, die auf die Normalverteilung zurückgreifen.

Astronomische Beobachtungen

Die Normalverteilung fand ihren Ursprung in Berechnungen von Astronomen. Sie nutzten nämlich das „Gesetz der Frequenz von Fehlern" (d. h. die Normalverteilung), um lineare Gleichungen aus Beobachtungen für astronomische und geodätische Zwecke zu kombinieren. (Geodäsie = Studium der Form und Oberfläche der Erde)

Die Arbeitsweisen der Astronomen bestanden häufig in Ad-hoc-Lösungen. Man hatte wenig Interesse an den formalen Modellen der Wahrscheinlichkeitstheorie, so war die Zusammenarbeit einer ganzen Gruppe von Wissenschaftlern erforderlich. Durch die Ausarbeitung statistischer Methoden jedoch wurde es auch für Einzelpersonen möglich, eine komplexe Datenanalyse zu meistern.

Der zentrale Grenzwertsatz

Der französische Astronom und Mathematiker **Pierre-Simon Laplace** (1749-1827) machte die Verwendung von Wahrscheinlichkeiten als Mittel zur Reduktion und Messung von Unsicherheit in Daten populär. Im Jahr 1789 stellte er fest, dass Messungen durch kleine unabhängige Fehler beeinträchtigt werden. Er zeigte, dass das Gesetz der Frequenz von Fehlern mathematisch hergeleitet werden kann. Dieser Spur folgend, leistete er im Jahr 1810 seinen größten Beitrag zur Statistik, in dem er den „**Zentralen Grenzwertsatz**" formulierte.

Dies war eines der beachtenswertesten Ergebnisse der Wahrscheinlichkeitstheorie ...

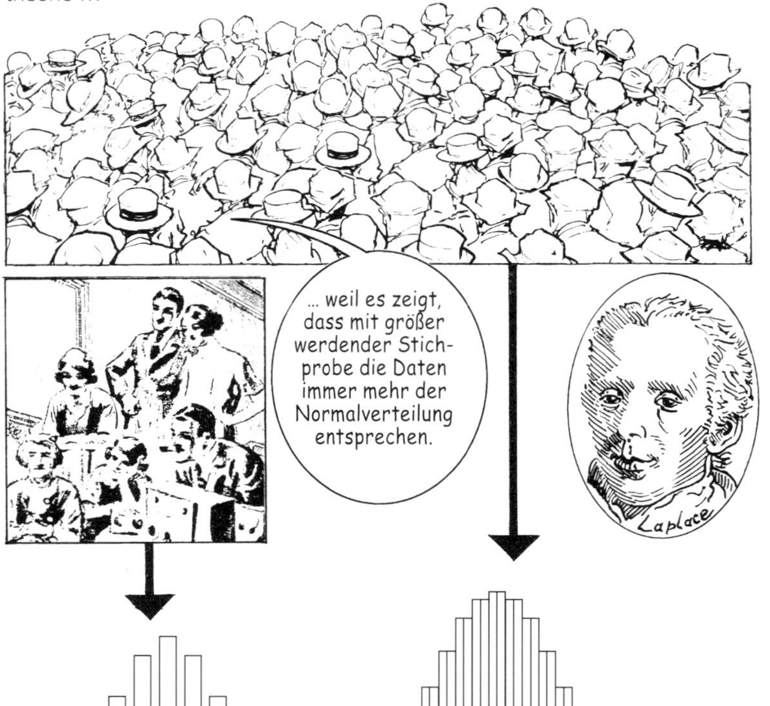

Oder, um es in den Worten eines Statistikers zu sagen:
Die Stichprobenverteilung des Mittelwerts konvergiert bei zunehmender Stichprobengröße gegen die Normalverteilung (und zwar unabhängig vom Grad der Abweichung der Populationsverteilung von der Normalverteilung).

Der Grund, warum so viele verschiedene Variablen, wie beispielsweise Intelligenz oder Statur, normalverteilt sind, hat mit Laplaces **Zentralem Grenzwertsatz** zu tun.

Im Kern besagt das Theorem, dass Daten, die durch eine sehr große Anzahl von kleinen und unabhängigen Zufallseffekten beeinflusst werden, näherungsweise der Normalverteilung folgen.

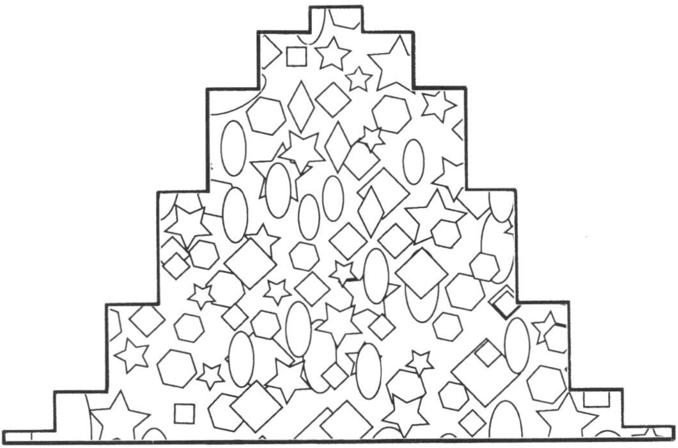

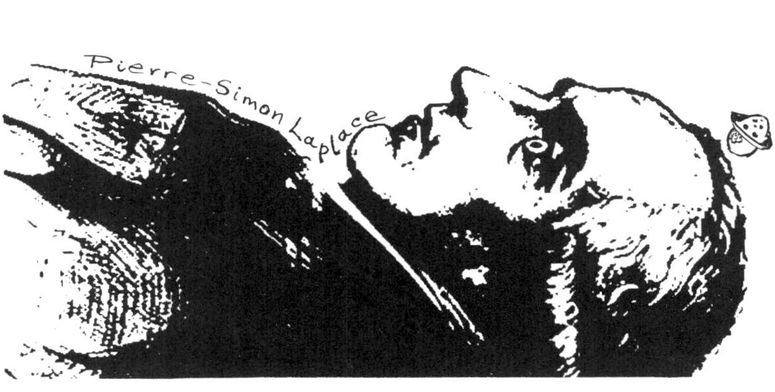

Die Gaußkurve und die Methode der kleinsten Quadrate

Die Arbeit von Laplace blieb bis Ende des 19. Jahrhunderts das einflussreichste Buch zur Wahrscheinlichkeitstheorie, bis **Carl Friedrich Gauß** (1777-1855) dessen Ideen mit exakt formulierter probabilistischer Terminologie vorwärtsbrachte. Das Ergebnis seiner Arbeit wurde schließlich als „Gaußkurve" bekannt, vielleicht unfairerweise, da Laplace sie schon entdeckt hatte.

Adrien Marie Legendre (1752-1833)

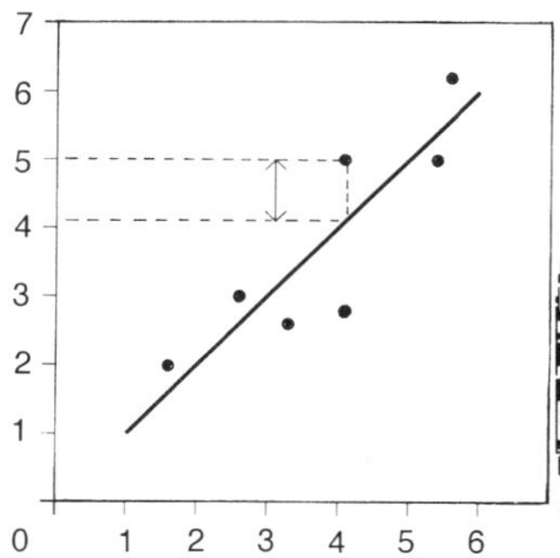

Das Prinzip der kleinsten Quadrate, welches auf dem Gesetz der Frequenz von Fehlern fußt, wurde Anfang des 19. Jahrhunderts von Mathematikern und Astronomen wie Gauß, Laplace und Legendre hergeleitet, um beispielsweise die Form und Umlaufbahn der Erde zu bestimmen. Das Prinzip wird später zu Ende des 19. Jahrhunderts hauptsächlich bei der Interpretation statistischer Regression Verwendung finden (s. S. 128-131).

Was ist denn schon normal?

Norma ist der lateinische Ausdruck für ein Winkelmaß in T-Form, das von Maurern und Zimmermännern verwendet wurde, um im rechten Winkel zu bauen. Wegen der Verwendung dieser T-Form wurde der rechte Winkel auch „normaler Winkel" genannt, ein Begriff, der in der Geometrie des 17. Jahrhunderts sehr geläufig wurde. Gauß nutzte Ende des 18. Jahrhunderts den Begriff „Norm" in der Algebra, noch bevor er die Normalverteilung im Jahr 1809 untersuchte.

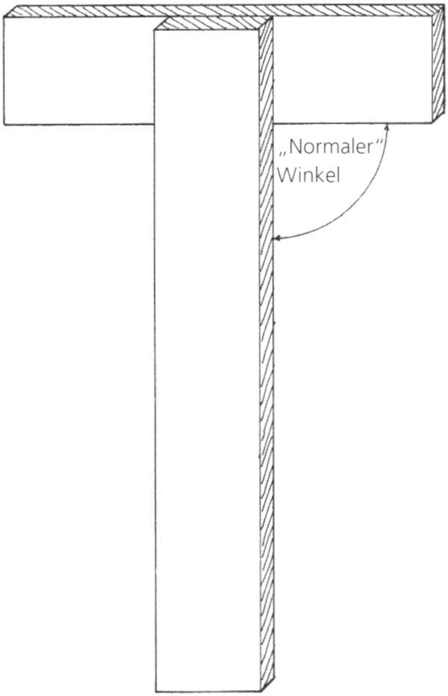

Das Wort „normal" verbreitete sich während des 19. Jahrhunderts, zunächst in medizinischen Kreisen, als das Gegenteil von **pathologisch**.

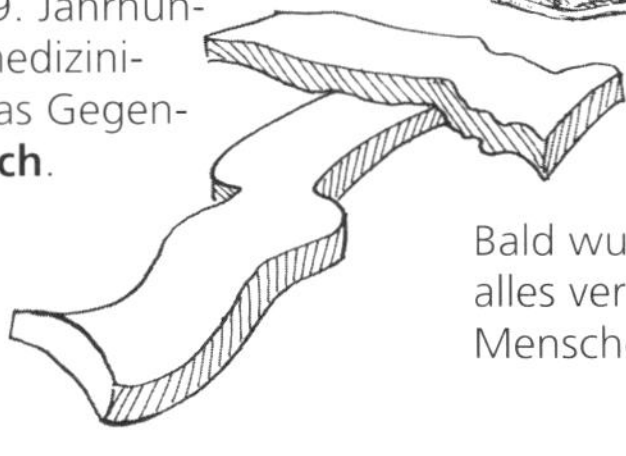

Bald wurde es aber für nahezu alles verwendet, insbesondere für Menschen und deren Verhalten.

Mit „normal" bezeichnete man also, wie Sachen sind oder wie sie sein sollten, und bald nannte man auch die glockenförmige symmetrische Verteilung so, die seit dem 18. Jahrhundert ziemlich häufig von Astronomen und von Statistikern seit etwa 1870 verwendet wurde.

Jedoch hat das Wort „normal", wie **Ian Hacking** bemerkte, eine Doppelbedeutung.

Während „normal" den Durchschnitt oder das Gewöhnliche und die „Norm" das Ideal bezeichnen, haben **Stephen Stigler** und **William Kruskal** gezeigt, dass es in der Statistik eine dritte Komponente gibt, die die Grenzen zwischen den beiden ersten verwischt.

*Asymptotische Annäherung: eine Kurve, die sich einer gegebenen Kurve (oder Achse) im Unendlichen annähert.

Die Namensgebung der Normalkurve

Während Quetelet diese Verteilung als „Binomialgesetz" bezeichnete, verwendete Galton eher den Begriff „Fehlerkurve" und taufte sie schließlich „Normalkurve", so etwa im Februar 1877 bei der Präsentation seines Papers „Typical Laws of Heredity" (Typische Vererbungsregeln) an der Royal Institution. Unabhängig davon wurde der Begriff im gleichen Jahr auch eingeführt von dem amerikanischen Logiker und Mathematiker **Charles Sanders Peirce** (1839-1914) und dem deutschen Mathematiker **Wilhelm Lexis** (1837-1914).

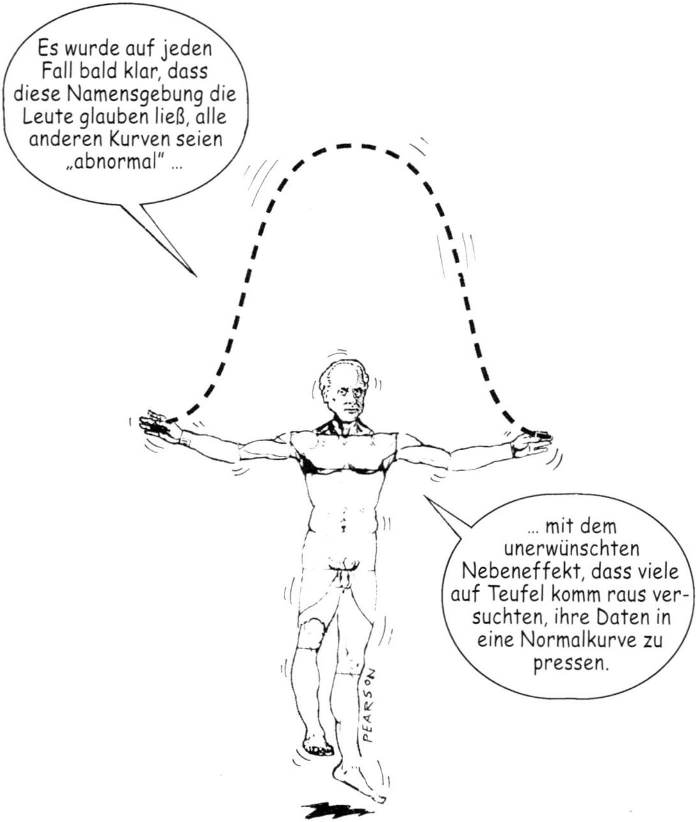

Nichtsdestotrotz war es Pearson, der die Bezeichnung „Normalverteilung“ unter Statistikern in der ganzen Welt verbreitete.

Also was ist dann die Normalverteilung?

Die Normalverteilung (NV) wird dazu verwendet, um zu prüfen, ob manche Beobachtungen (= gesammelte Daten) überzufällig auftreten oder nicht. Beispiel: Unterscheiden sich Männer und Frauen hinsichtlich ihrer Größe? Wenn man Daten für Männer und Frauen sammelt, kann man diese gemäß des Zentralen Grenzwertsatzes auf eine NV abbilden und dann sagen, wie wahrscheinlich der beobachtete Unterschied ist.

Die Normalverteilung hat drei mathematische Eigenschaften: 1. Sie ist eine glockenförmige, stetige und symmetrische Kurve, deren Definitionsbereich von annähernd minus unendlich bis plus unendlich reicht.

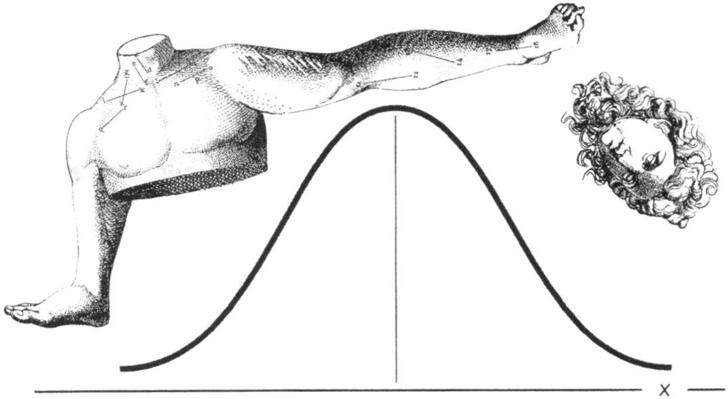

Auch eine Gleichverteilung (Rechtecksverteilung) ist symmetrisch, wenn sie um eine Hochachse (an der Stelle des arithmetischen Mittelwertes μ_x) zentriert ist.

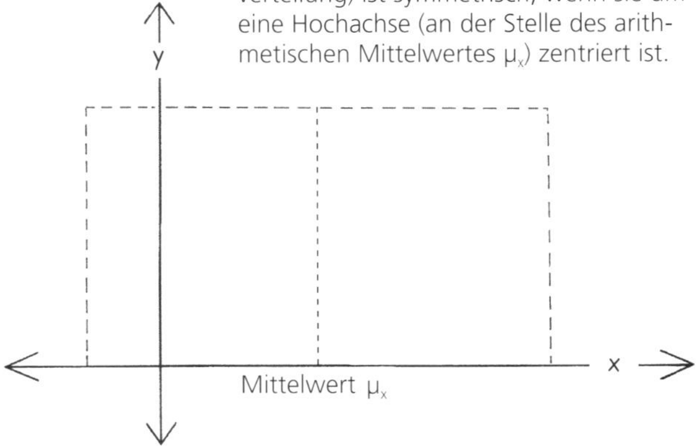

2. Der Mittelwert (siehe Seiten 65-67) und die Standardabweichung (siehe Seiten 99-102) definieren ihr Aussehen; die theoretische Normalverteilung hat einen Populationsmittelwert von 0 und eine Standardabweichung von 1. Unterschiedliche Standardabweichungen definieren leicht unterschiedliche Kurvenverläufe.

Der Mittelwert beschreibt die Platzierung der Verteilung auf der X-Achse und die Streuung zeigt, wie eng oder wie weit auseinander die Werte liegen.

In dieser Abbildung haben Kurve A und B fast den gleichen Mittelwert, jedoch streut die Kurve B mehr als Kurve A.

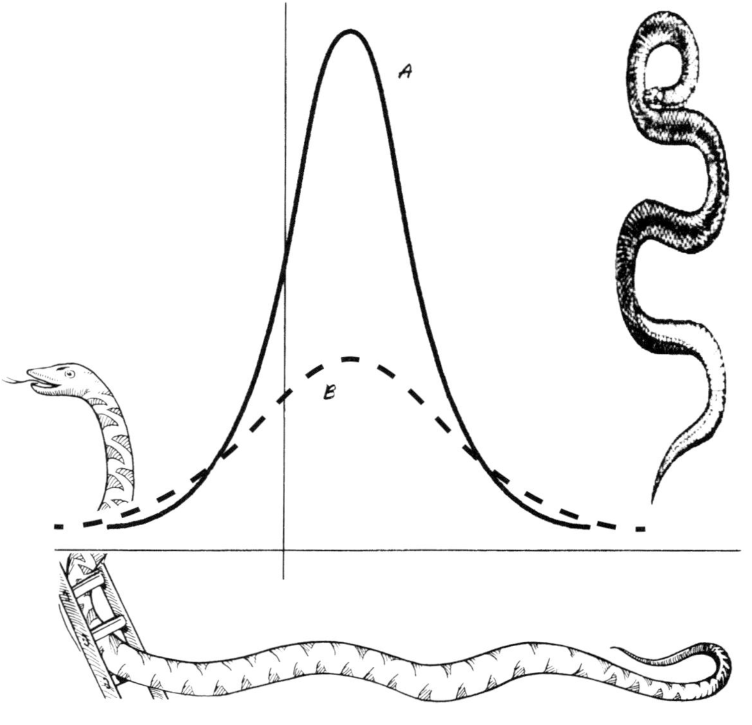

3. Die Schiefe (skewness) der Normalverteilung ist null, da sie **symmetrisch** um den Mittelwert ist.

Wäre die Kurve *linksschief*, würde ein Neigungsmaß negative Werte liefern, wäre sie *rechtsschief* ist, hätte ein Neigungsmaß positive Werte.

Die Richtung des Ausläufers zeigt, ob die Kurve rechtsschief oder linksschief ist.

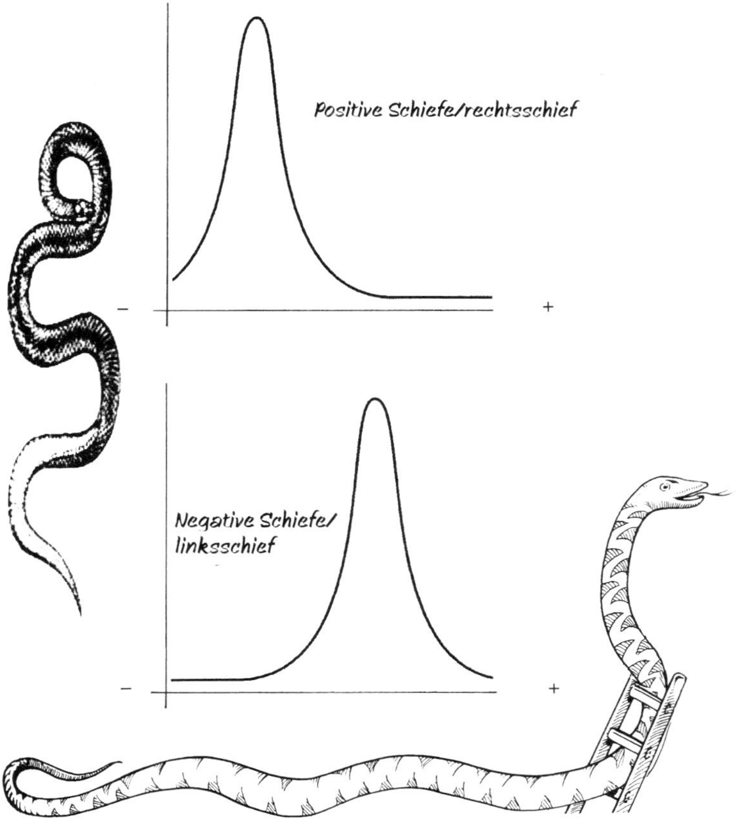

Quetelismus

Für einen Großteil der Mathematiker, Philosophen und Statistiker des 19. Jahrhunderts war die Normalverteilung von zentraler Bedeutung, speziell für Adolphe Quetelet und Francis Galton. Beide waren davon überzeugt, dass alle Daten mit der Normalverteilung übereinstimmen sollten.

Quetelets Überzeugung, dass empirische Daten nur zur Normalkurve passen könnten, war dermaßen fest, dass diese Doktrin „Quetelismus" genannt wurde, weil hier die Bedeutung der Normalkurve übertrieben wurde. Obwohl sich Quetelet bewusst war, dass viele Verteilungen schief waren, war er der Meinung, dass dies „merkwürdigen zufälligen Ursachen geschuldet war, die ungleichmäßig in zwei Richtungen agierten".

Galtons Pantograf

Inspiriert von Quetelet, wurde Galton so besessen von der Idee einer allgegenwärtigen Normalkurve, dass er ein mechanisches Gerät erfand, einen modifizierten Pantografen, um jede Figur in zwei Richtungen strecken bzw. stauchen zu können.

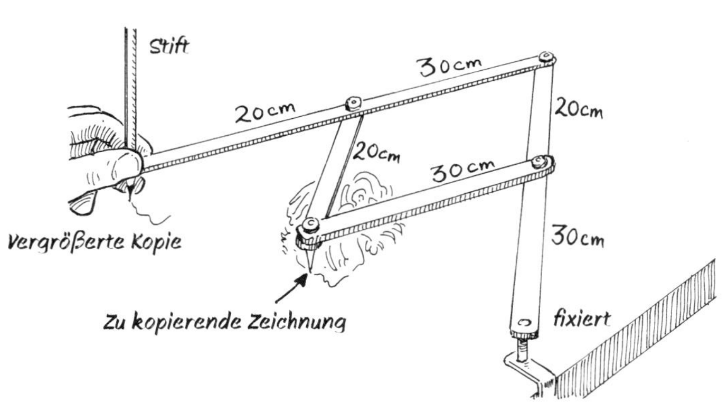

Dieser kompromisslose Glaube an die Normalkurve wurde in der Folgezeit zum Streitpunkt zwischen der alten Schule der Bevölkerungsstatistiker und der neuen, aufstrebenden Schule der mathematischen Statistik. Die Tyrannei der Normalkurve im 19. Jahrhundert war so groß, dass die meisten Statistiker davon überzeugt waren, dass keine andere Kurve geeignet war, Daten zu beschreiben. Jedoch wurde diese monolithische Sichtweise im letzten Jahrzehnt des Jahrhunderts von Pearson infrage gestellt.

Wie kann man Daten zusammenfassen?

Mittelwerte

Mittelwerte sind das andere Hauptwerkzeug der Bevölkerungsstatistik und eines der ältesten statistischen Konzepte. Die Idee vom Mittelwert kann bis zum Altertum zurückverfolgt werden. Aristoteles sprach von der "goldenen Mitte" (wobei „golden" „gut" bedeutete), die zwischen zwei Extremwerten liegt.

Aber für Statistiker gibt es mindestens drei Arten von Mittelwerten: Das arithmetische Mittel (den Durchschnitt), den Median und den Modalwert.

Quetelet und das arithmetische Mittel

Diese Methode wurde in den 1830er Jahren von Quetelet verbreitet. Er fand heraus, dass Statistikgesetze, die aus der Astronomie bekannt waren, auf die Verteilung menschlicher Merkmale wie Körpergröße und -umfang angewendet werden konnten. Diese Erkenntnis führte wiederum zu seinem bekannten Konstrukt des *l'homme moyen* (Durchschnittsmensch). Von ihm stammt übrigens auch der heute noch gebräuchliche Body-Mass-Index, der anfänglich Quetelet-Index hieß.

Die Regelmäßigkeiten, die Quetelet bei Menschen und bei Meteoren erkannte, waren für ihn vergleichbar mit den Gesetzen der Physik. Er sprach vom Sozialsystem genauso, wie ein Astronom vom System des Universums sprechen würde.

August Comte
(1778-1875),
französischer
Philosoph

Quetelet sah weiterhin ähnliche Gesetzmäßigkeiten bei Abläufen von Phänomenen in Natur und Gesellschaft. Er war überzeugt, dass Mittelwerte verwendet werden könnten, um den Idealtyp von Gesellschaft, von Politik und von Moralvorstellungen herauszufinden. Da Abweichungen von Mittelwerten gesellschaftliche Missständen verursachen, sollte eine mittlere philosophische und politische Position imstande sein, gesellschaftliche Konflikte in die richtige Bahn zu lenken.

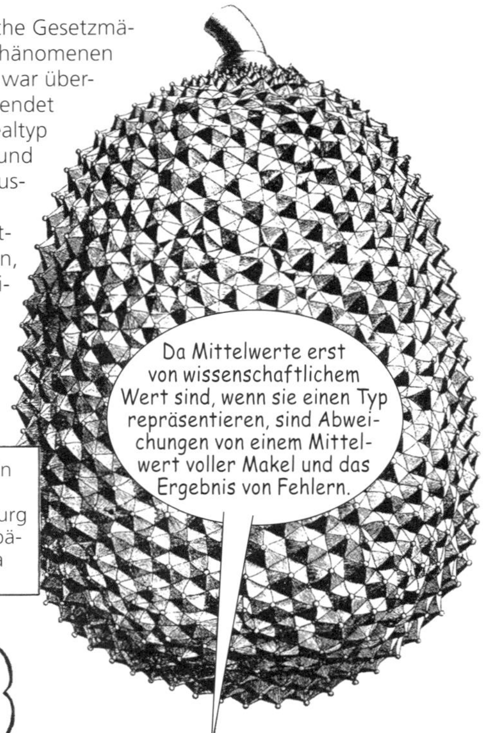

Im Jahr 1836 war Quetelet ein Privatlehrer der Prinzen Ernst und Albert von Sachsen-Coburg und Gotha. Letzterer sollte später in England Queen Victoria heiraten.

Der Mittelwert

Der Mittelwert ist das, was die meisten umgangssprachlich als Durchschnitt bezeichnen. Für die Berechnung des Mittelwertes werden alle Werte eines Datensatzes (X) addiert und dann durch die Gesamtzahl der Fälle (N) im Datensatz geteilt.

Der

Der Median ist der Punkt, der eine Distribution in eine untere und in eine obere Hälfte teilt, sodass 50 % der Werte in die eine und 50 % der Werte in die andere Hälfte fällt.

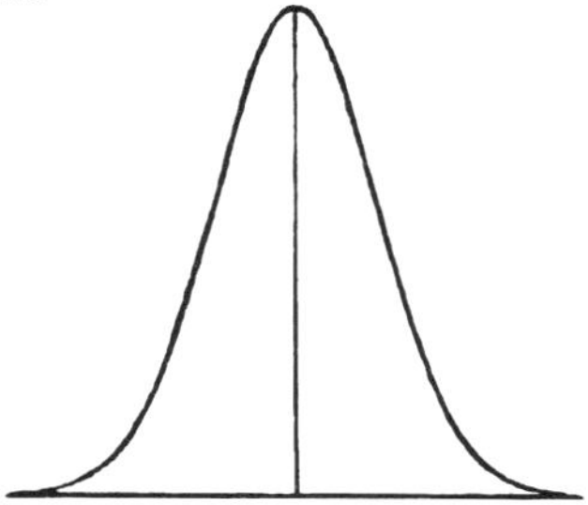

Francis Galton wollte einen schnelleren Weg finden, um ohne langwierige Berechnungen des Mittelwertes einen Durchschnitt zu bestimmen. Er führte das Wort Perzentil ein: Dies bezeichnet einen Punkt, der eine Verteilung in einen unteren Prozentsatz und einen oberen Prozentsatz von Fällen teilt. Ein Perzentil ist ein Hundertstel der Verteilung, entspricht also einem Prozent.

Gauß nutze zwar 1816 als Erster den Median, Galton jedoch brachte ihn in die Statistik. Im Jahr 1874 entwarf er eine statistische Skalierung, um den Median zu berechnen. Er führte das 50. Perzentil als Mittelpunkt eines Datensatzes ein, womit der Datensatz genau in zwei Hälften geteilt werden konnte.

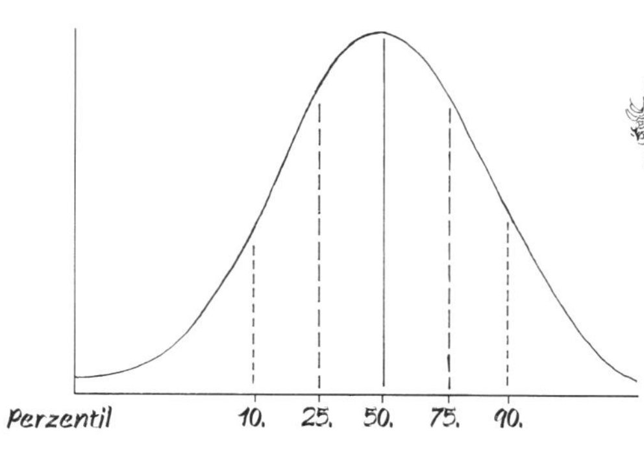

Median

Der Median ist sehr leicht zu benutzen und benötigt noch weniger Arbeit als das Berechnen des Mittelwertes. Wenn Galton z. B. die durchschnittliche Körpergröße messen wollte, stellte er 100 Menschen in eine Reihe nebeneinander, vom Größten bis zum Kleinsten, und suchte den einen aus, „der so nah an der Mitte war wie möglich". Dieser stellte dann das 50. Perzentil oder den Median dar.

Wie kann man den Median lokalisieren oder berechnen?

Galton erfand sogar eine Methode, den Durchschnittsmenschen fotografisch abzubilden, indem er Bilder von verschiedenen Menschen überlagerte, die dann quasi in einer einzigen Figur verschmolzen. Er nannte das eine „Fotomontage".

Das dritte Maß der zentralen Tendenz (nach Mittelwert und Median) ist der **Modalwert.** Der beschreibt nach der Definition von Karl Person aus dem Jahr 1895 den Wert, der am häufigsten vorkommt. Dieser findet seine wichtigste Anwendung in der Werbung, die etwa mit Konzepten wie der „Modell-Familie" arbeitet.

Der Modalwert ist der Punkt maximaler Häufigkeit; er wird meistens für die Suche typischer Fälle verwendet. Der Modalwert muss nicht zwingend einem Wert entsprechen, der in der Realität vorkommen kann. In einer Studie könnte dann also eine Modell-Familie aus 3,79 anstatt 4 Menschen bestehen.

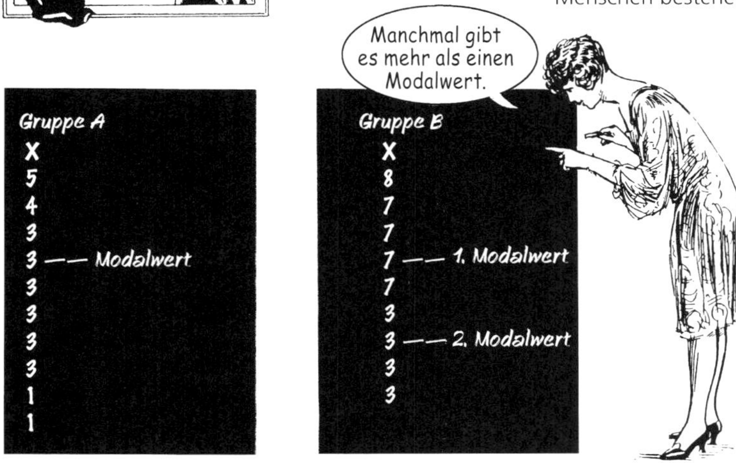

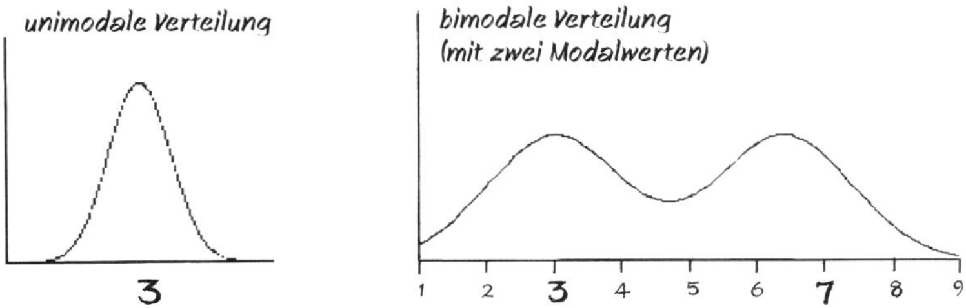

In Gruppe A gibt es einen Wert, der sechsmal vorkommt, hier ist also der Modalwert gleich drei, aber in Gruppe B gibt es zwei Modalwerte: 3 und 7. Das wird bimodal genannt.

Welches Maß der zentralen Tendenz soll man nehmen?

Der **Vorteil des Mittelwertes** ist, dass seine Berechnung sehr schlicht ist und dass hier alle Fälle des Datensatzes verwendet werden. Falls es jedoch Fälle mit extrem kleinen oder großen Werten gibt, wird das den Mittelwert verzerren.

Der **Median** hingegen wird **von Extremwerten nicht beeinflusst**. Falls wir beispielsweise das Median-Gehalt aus den Lohnzahlungen von 40.000 €, 60.000 €, 120.000 €, 160.000 €, 820.000 € ermitteln wollen, so läge der Median bei 120.000 €. Dies gibt ein deutlich angemesseneres Bild des Einkommens dieser Gruppe ab, da der Extremwert von 820.000 € die Daten verzerrt (vgl. Schiefe). Der Mittelwert würde bei 240.000 € liegen, einem Gehalt, das für keine einzige Person aus der Gruppe aussagekräftig wäre.

Wir wollen nun alle drei besprochenen Maße der zentralen Tendenz für die Gehälter einer Firma mit 41 Beschäftigten ermitteln.

X = eine Person

Anzahl der Beschäftigten/Gehalt in Euro

XX	5.000	
XXXXXX	6.000	
XXXXXXXX	10.000 –	**Modalwert:** Dies ist das am häufigsten auftretende Gehalt
XXXX	18.000	
X	24.000 –	**Median:** Die Person, die genau in der Mitte ist. 20 Personen unter und 20 Personen über ihr.
XXXX	30.000	
XXX	36.000	
XXXXX	42.000	
XX	45.000	
XXXX	50.000	
X	100.000	
X	1.000.000	

Mittelwert: 50.000 Euro (2.050.000 ÷ 41)
Modalwert (mit acht Personen): 10.000 Euro
Median: 24.000 Euro

Irreführende Statistiken

Wir sehen an diesem Beispiel, dass die drei verschiedenen Maße zu sehr unterschiedlichen Ergebnissen führen. Das zeigt uns sofort, dass es sehr einfach ist, Leute in die Irre zu führen, indem man absichtlich den Wert nimmt, der einem am besten ins Konzept passt.

Ein „gewerkschaftsnaher" Journalist könnte entdecken, dass der Modalwert bei 10.000 Euro liegt, und daher behaupten, die Hälfte der Angestellten verdient nur etwa ein Drittel des Durchschnittsjahresarbeitslohnes in Deutschland (2013).

Der Median von 24.000 Euro ist vermutlich der repräsentativste Wert, obwohl man ein noch realistischeres Ergebnis bekommen hätte, wenn man das Gehalt des Managers (1.000.000 Euro) nicht einbezogen hätte, das im Vergleich zu den anderen Werten einen Extremwert darstellt.

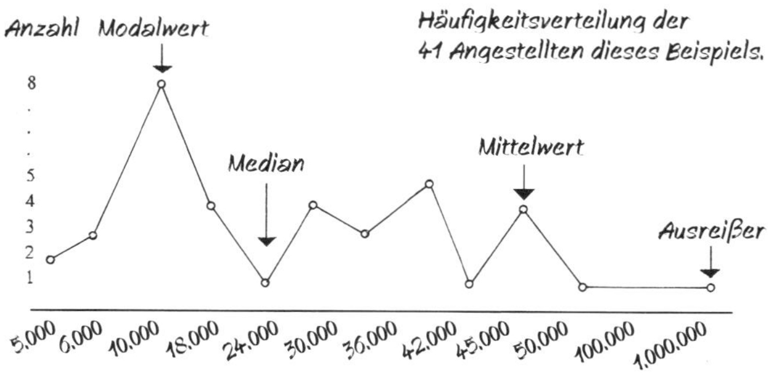

Statistiker bezeichnen solche extremen Werte als „Ausreißer", weil sie so weit vom Zentrum der Verteilung entfernt liegen.

Ein Zentralitätsmaß alleine kann meist nicht ausreichend Information bieten. Man sollte daher auch die Streuung um diese Werte herum berücksichtigen. Dies ist oft die realistischere Art und Weise, um individuellere Informationen zu betrachten.

Dies war die heilsame Botschaft, die der Paläontologe und Evolutionsbiologe Stephen Jay Gould mitnahm. Bei ihm wurde 1982 ein Mesotheliom diagnostiziert (ein seltener und schwerer Krebs, der meist durch Asbest verursacht wird).

Seine Statistikkenntnisse verrieten ihm, dass seine Überlebensdauer durchaus den Median-Zeitraum von acht Monaten überschreiten könnte, welcher in der damaligen Medizinliteratur allgemein beschrieben wurde.

Die Häufigkeitsverteilung ist ein wichtiges praktisches Werkzeug für die Darstellung von Daten (siehe Seite 35). Gould wusste, dass dieser Graph nicht notwendigerweise bedeutete, dass er innerhalb von acht Monaten sterben würde. Sondern er konnte auch so gedeutet werden, dass seine Lebensdauer durchaus am rechten Ende der Verteilung sein könnte, wo die Patienten mehr als acht Monate überleben.

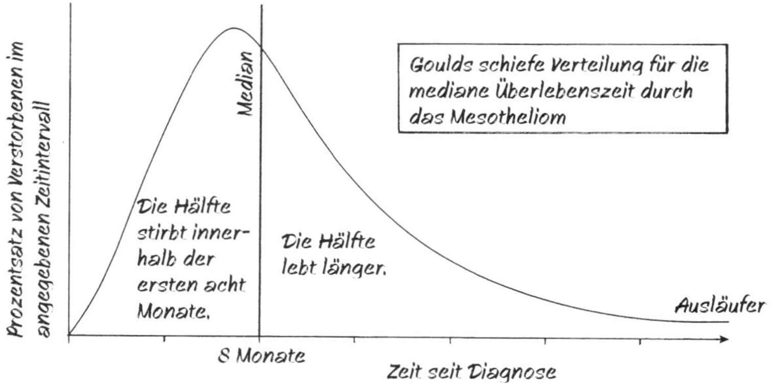

Gould ging davon aus, dass die meisten Menschen ohne Statistikkenntnisse die Aussage „Medianüberlebenszeit von acht Monaten“ als „in acht Monaten bin ich tot“ interpretiert hätten ...

Als Evolutionsbiologe lernte Gould, Variabilität als Realität zu akzeptieren und alle Maße der zentralen Tendenz mit Vorsicht zu genießen. Schließlich sind sie abstrakte Maße, die nicht auf Individuen angewendet werden können und häufig für Einzelfälle irrelevant sind.

Im Lichte dieser Hellsichtigkeit schrieb ein *Sunday-Times-Kolumnist* hintersinnig, dass „Statistiken die besten Freunde des Verdammten" sind. Stephen Jay Gould starb 2002, ganze zwanzig Jahre nach der ersten Diagnose an Lungenkrebs.

Datenmanagement

Im England zur Zeit der Viktorianer (19. Jhd.) begann man allmählich Statistiken für die Untersuchung von Massenphänomenen zu verwenden. Riesige Datenmengen wurden von staatlichen, privaten und anderen Organisationen gesammelt, um soziale Probleme wie Armut, Krankheiten oder Suizid zu untersuchen. Sie arbeiteten hauptsächlich mit folgenden Methoden, um ihre Daten in den Griff zu bekommen:

1. Tabellieren: Einfaches Eintragen der Daten in große Tabellen.
2. Erstellen von Kreisdiagrammen oder ähnlichen Visualisierungen.
3. Reduzieren der Daten auf kleinere Untermengen. Wenn Galton beispielsweise mit einer großen Datenmenge arbeitete, reduzierte er sie häufig auf 100 Datensätze, weil Prozentwerte sehr erklärungsstark sind.

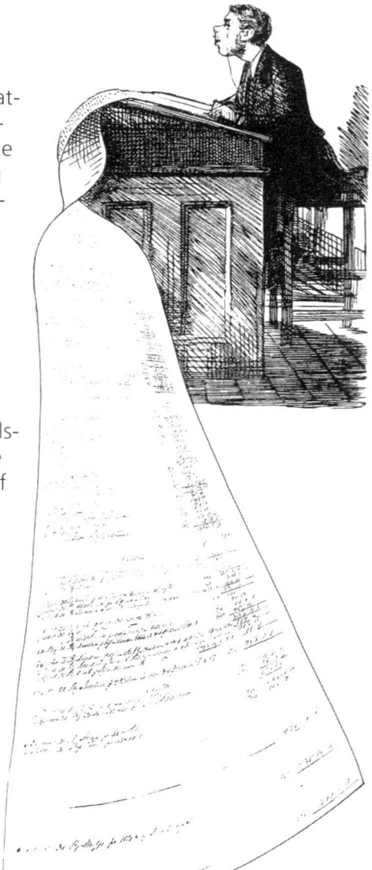

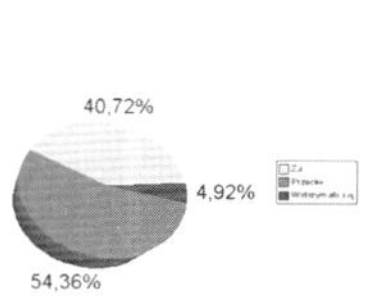

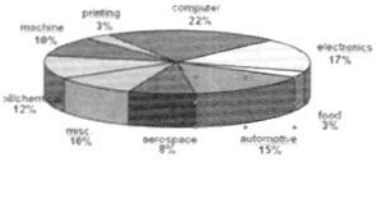

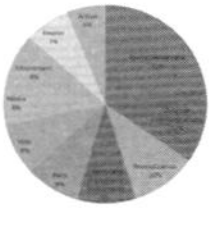

Da jedoch weder die Diagramme noch die Tabellen standardisiert waren, konnten sie mit anderen Datensätzen weder verglichen noch verallgemeinert werden. Obwohl sie die Daten in Mittelwerten zusammenfassten, konnten sie mit ihren Statistikwerkzeugen die inhärente Komplexität der Daten nicht weitervermitteln.

Standardisierte Häufigkeitsverteilungen

Pearson erkannte, dass es andere Möglichkeiten geben müsse, unübersichtliche Daten zu verwalten. Er entwickelte eine systematische Vorgehensweise für die Handhabung großer **Datenmengen**, indem er **standardisierte Häufigkeitsverteilungen** einführte. Dies ermöglichte Verallgemeinerungen und Vergleiche, die vorher nicht möglich gewesen wären.

Stichprobe vs. Grundgesamtheit (Population)

Pearsons bester Freund, der darwinsche Zoologe W.F.R. Weldon, nutzte den Begriff „Stichprobe" im Jahr 1892, um die Sammlungen von Beobachtungen zu maritimen Lebewesen zu beschreiben. Jedoch fragte er sich, ob seine Stichprobengröße ausreichend war. Pearson verwendete den Begriff „Grundgesamtheit" vier Jahre später, um den Term „Normalgruppe" zu ersetzen. Er definierte die Begriffe Grundgesamtheit und Stichprobe 1903 wechselseitig.

Eine Grundgesamtheit ist ein technischer Begriff für die Gesamtmenge von Organismen oder Objekten, wie beispielsweise Tiger oder Rosen, auf die die Resultate anwendbar sind. Eine Grundgesamtheit repräsentiert alle vorstellbaren Beobachtungen eines bestimmten Typs, während eine Stichprobe eine beschränkte Anzahl von Beobachtungen aus der Grundgesamtheit beschreibt. Das beste Beispiel für eine Grundgesamtheit ist eine Volkszählung (Makrozensus).

Grundgesamtheit

Stichprobe

Bei den meisten Untersuchungen ist die Grundgesamtheit, an der man interessiert ist, zu groß, um detailliert erfasst zu werden (zum Beispiel alle Studenten in Europa, alle Wahlberechtigten in Deutschland, alle von VW hergestellten Fahrzeuge, etc.). Ein Statistiker beschränkt seine Analyse meist auf eine relativ kleine Auswahl der Grundgesamtheit.

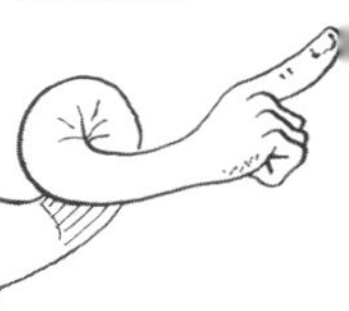

Statistiker verwenden verschiedene Techniken, um ihre Stichproben auszuwählen (die Techniken werden auch Sampling genannt; sample = Stichprobe): zufällig (random), systematisch, willkürlich, zielgerichtet (purposive), stratifiziert (geschichtet).

Stichprobenauswahl (Sampling)

Zufällig

Dieses Verfahren ähnelt der Ziehung der Lottozahlen: Aus der Grundgesamtheit von Kugeln mit unterschiedlichen Namen wird eine Anzahl Kugeln zufällig gezogen. Jede Kugel aus der Grundgesamtheit hat die *gleiche und unabhängige Wahrscheinlichkeit,* gezogen zu werden. Dies ist die bevorzugte Auswahlmethode (Samplingmethode), jedoch setzt sie die komplette Liste der Grundgesamtheit voraus, was nicht immer möglich ist. Eine Tabelle von Zufallszahlen, ein computergestützter Zufallszahlengenerator (etwa bei Kontrollen am Flughafen) oder eine Telefonsoftware können helfen.

Systematisch

Setzt ebenso eine komplette Liste der Grundgesamtheit voraus. Diese Liste wird in Blöcke unterteilt, wobei jede n-te Person ausgewählt wird (z. B. jede 10. von einer alphabetisch sortierten Liste).

Willkürlich

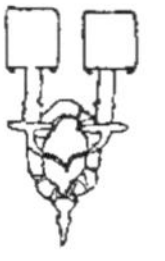

Teil der Stichprobe ist, wer oder was am einfachsten zu erreichen ist. Dies ist die unzuverlässigste Samplingmethode.

Zielgerichtet

Man sucht die Versuchspersonen aus, die man für besonders repräsentativ hält.

Stratifiziert

Der Wissenschaftler wählt ein spezielles Charakteristikum aus, welches er für besonders wichtig für die Untersuchung hält. Danach teilt er die Stichprobe in nicht-überlappende Gruppen oder Schichten ein, wie beispielsweise Altersgruppen, Geschlecht, Herkunftsorte oder politische Ansichten, und untersucht in Abhängigkeit der Gruppenzugehörigkeit. Dieses Verfahren kann mit anderen hier genannten kombiniert werden.

Das Histogramm

Pearson benutzte zum ersten Mal den Begriff „Histogramm" 1891 bei einer Vorlesung über „Abbildungen und Kartogramme", um ein „Zeit-Diagramm" zu kennzeichnen.

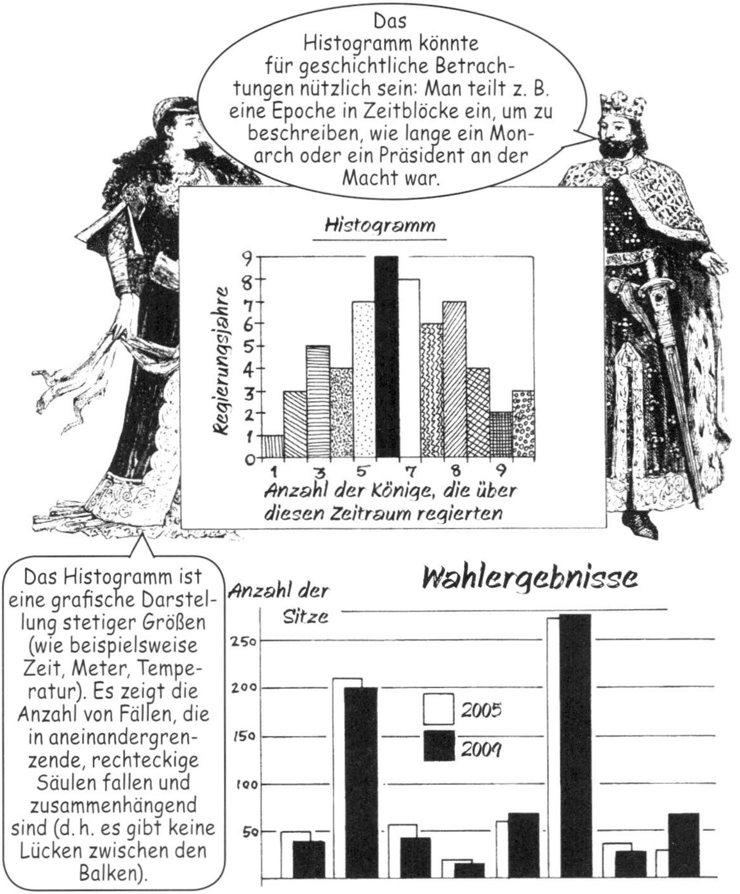

Ein verwandtes Diagramm ist das Säulendiagramm, bei dem allerdings Lücken zwischen den einzelnen Säulen sein dürfen. Sie werden verwendet, um diskrete Daten (wie Geschlecht oder politische Zugehörigkeit) darzustellen. Diagramme werden häufig verwendet, um Leuten visuelle Unterstützung beim Nachdenken über ein Problem zu liefern.

Eine andere Möglichkeit, Datenmengen stetiger Größen darzustellen, ist das Häufigkeitspolygon. Dies ist ein Liniendiagramm, das die Mittelpunkte für den Wert der einzelnen Säulen im Histogramm durch Linien verbindet.

Dieses Verfahren der Datenvisualisierung ist die einfachste Art des „Kurvenfittings", welches Datenelemente punktweise entweder durch Geraden oder durch Kurven verbindet, wodurch verschiedene Formen entstehen.

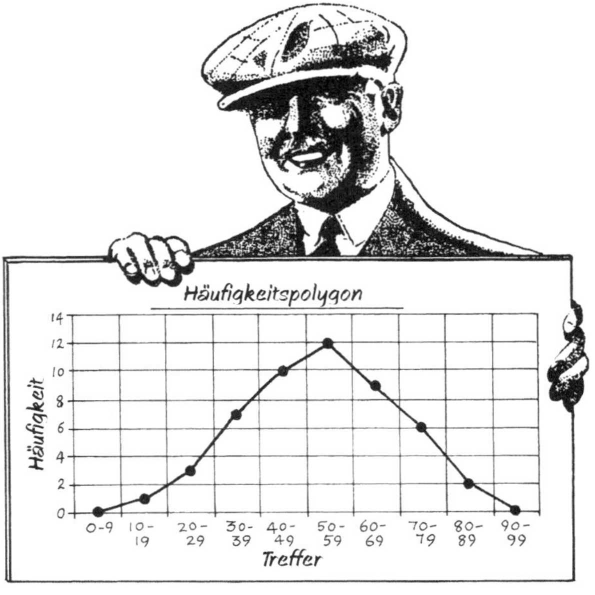

Im nächsten Schritt zeigte Pearson seinen Studenten, wie Häufigkeitsverteilungen für größere Mengen stetiger Daten erstellt werden können.

Häufigkeitsverteilungen

Häufigkeitsverteilungen wandeln sehr große Gruppen von Zahlen in eine Form um, die einfacher zu verarbeiten ist. Sie zeigen, wie häufig ein bestimmtes Objekt oder eine Einheit in einer Gruppe vorkommt. Das Histogramm und das Häufigkeitspolygon sind Häufigkeitsverteilungen.

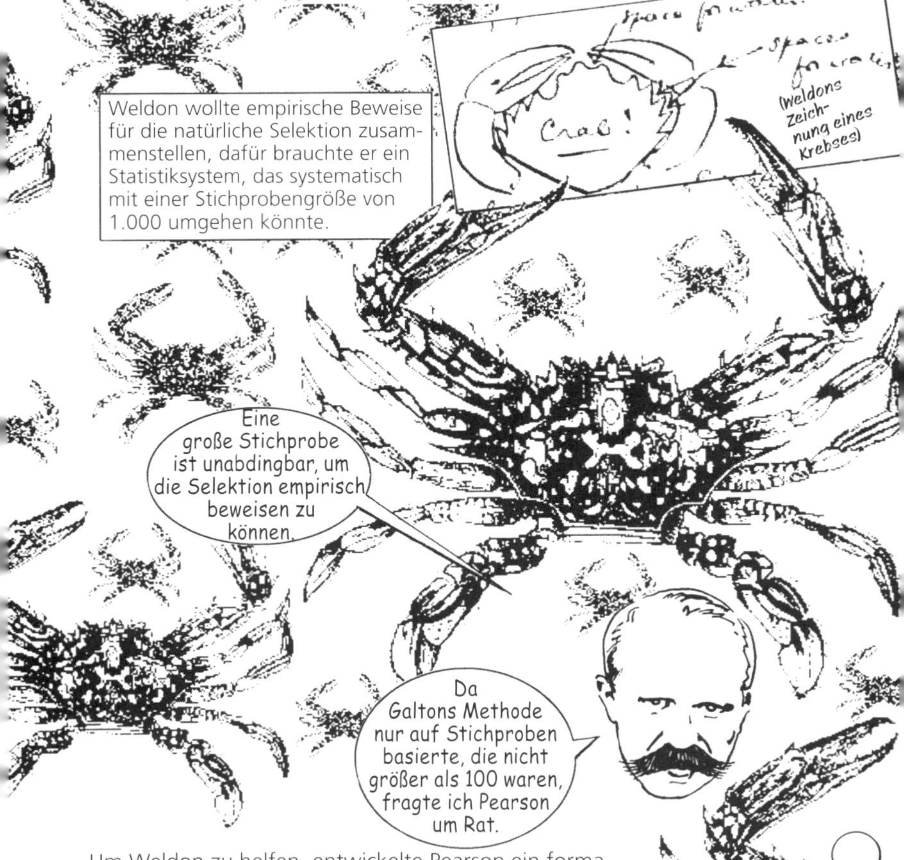

Um Weldon zu helfen, entwickelte Pearson ein formalisiertes System von Häufigkeitsverteilungen, das mit großen Stichprobengrößen umgehen konnte und nicht auf der Normalverteilung beruhte.

Die Momentenmethode

Wie kann man die Gestalt einer empirischen Verteilung erfassen und beschreiben?

Im Jahr 1892 begann Pearson an einem Statistiksystem zu arbeiten, das auf der Momentenmethode basierte. Der Begriff „Moment" stammt aus der Mechanik und ist eine Kraftmessung auf einem Rotationspunkt (zum Beispiel einer Drehachse). Die Berechnungsverfahren für Momente gleichen den Berechnungsverfahren für Mittelwerte. Pearson ersetzte die mechanische Kraft durch eine Funktion, die aus der Häufigkeitsverteilung gewonnen wird (wie beispielsweise den Anteil der Verteilung in einem gegebenen Intervall).

Da er grafische Darstellungen sehr schätzte, veranschaulichte Pearson seinen Studenten die Momentenmethode durch Beispiele aus der Mechanik. Der Mittelwert war also der Punkt, wo eine Wippe auf einem Drehpunkt balancierte. Der Mittelwert ist also der Gleichgewichtspunkt des Balkens und gleicht dem Schwerpunkt in der Mechanik.

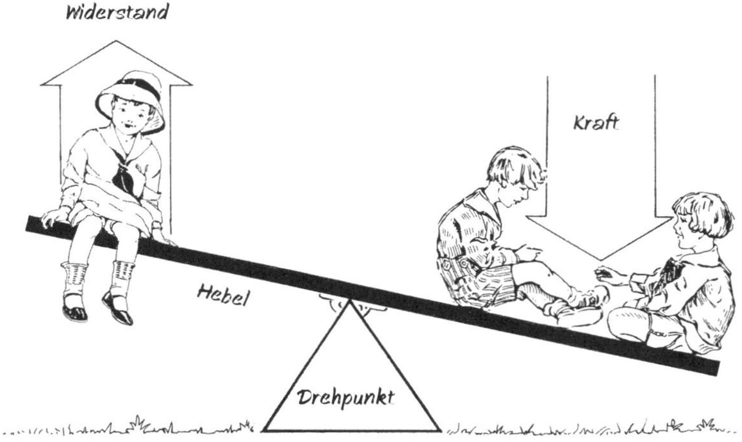

Wird Kraft auf den Balken angewandt, so wird das erste Moment auch „Kraftmoment" genannt. Das erste Moment wird berechnet, um den Mittelwert zu finden. Pearson führte dieses Verfahren auch für die nächsten drei Momente durch. Zunächst quadrierte er die Ausgangsdaten und berechnete somit das Quadrat der *Standardabweichung* (siehe S. 99-102).

Um ein Maß für die Schiefe der Verteilung zu finden, nahm er die zentrierten Werte zur dritten Potenz und berechnete so das dritte Moment. Ist eine Verteilung schief, so liegt der Mittelwert näher am „Schwanz“ der Kurve.

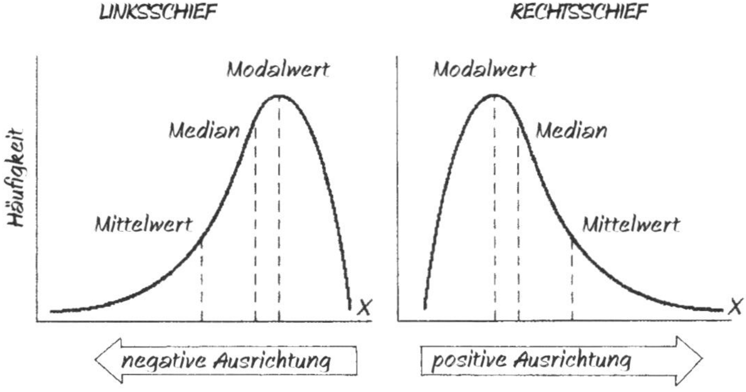

Pearsons erster Koeffizient für die Schiefe erlaubte es ihm, die Asymmetrie zu berechnen, indem er den Modalwert vom arithmetischen Mittel subtrahierte und das durch die Standardabweichung teilte.

$$\text{Schiefe} = \frac{(\text{Mittelwert} - \text{Modalwert})}{\text{Standardabweichung}}$$

Um das vierte Moment zu finden, berechnete er die vierte Potenz der zentrierten Werte. Dies misst, wie flach bzw. wie gewölbt die Verteilungskurve ist. Pearson erfand dafür das Wort *Kurtosis* (aus dem Altgriechischen für Wölben). Dies hat noch drei weitere Komponenten.

Einer von Pearsons Studenten, **William Sealy Gosset** (1876-1937), der als Mitarbeiter von Guinness unter dem Pseudonym „Student" publizieren musste, verwendete die Abbildung eines Schnabeltieres (Platypus) für die platykurtische Kurve und die von zwei Kängurus mit langem Schwanz für die leptokurtische Kurve.

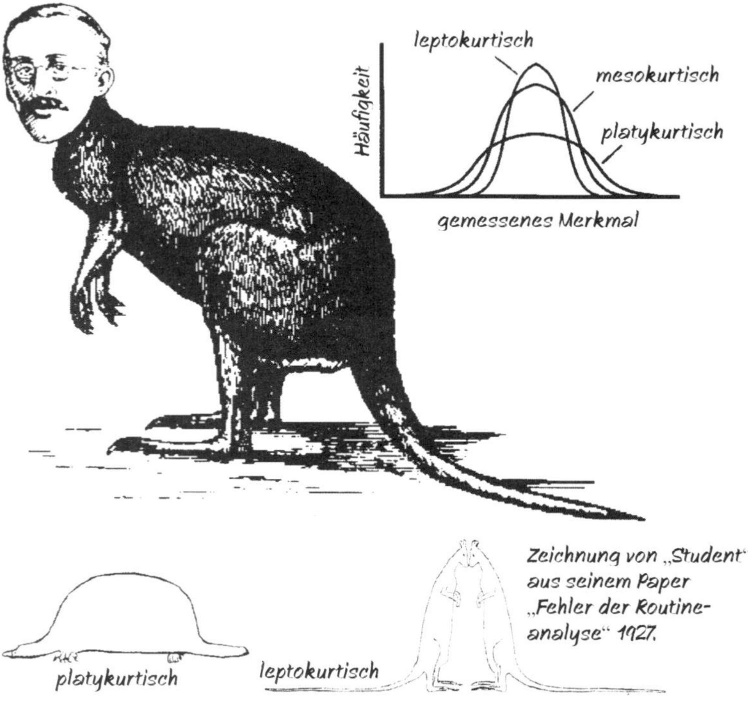

Zeichnung von „Student" aus seinem Paper „Fehler der Routineanalyse" 1927.

Durch die Momentenmethode stellte Pearson vier Parameter zum Kurvenfitting (vgl. S. 84) zur Verfügung. Diese zeigen, wie **gehäuft** Daten dicht beisammenliegen (Mittelwert), wie sie **gestreut** sind (die Standardabweichung), ob eine **Asymmetrie** (die Schiefe) vorliegt und ob die **Form der Verteilung** flach ist oder nicht (die Kurtosis). Diese vier Parameter beschreiben die **Grundcharakteristika jeder Verteilung**: Das System ist ebenso sparsam wie elegant. Es sind die zentralen Werkzeuge für die Interpretation jeglicher Datensets, egal welche Form die Verteilung annimmt.

Natürliche Selektion

Die wechselnden Formen der Darwin'schen Verteilungen

Darwin war klar, dass die Form einer Häufigkeitsverteilung vor jeglicher Selektion „symmetrisch bezüglich dem arithmetischen Mittel" (also normalverteilt) sein musste und dass durch die Selektion diese Verteilung ihre symmetrische, glockenförmige Form verlieren würde. (Nach der weiteren Reproduktion würde die Normalkurve allerdings wiederhergestellt werden, jedoch mit einem anderen Mittelwert.)

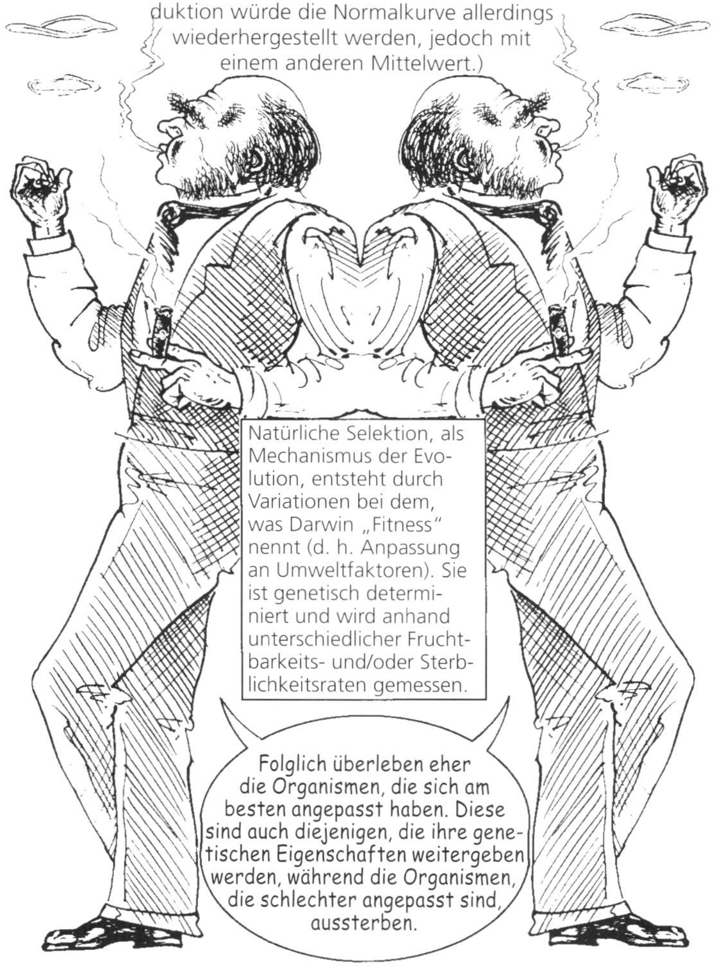

Falls eine Verteilung flach- oder steilgipflig ist, so wäre die Evolution bemüht, dies über eine stabilisierende Selektion wieder zum Status quo hin auszugleichen.

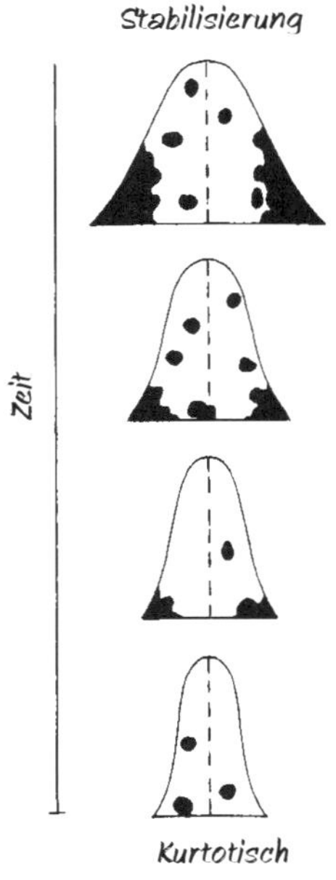

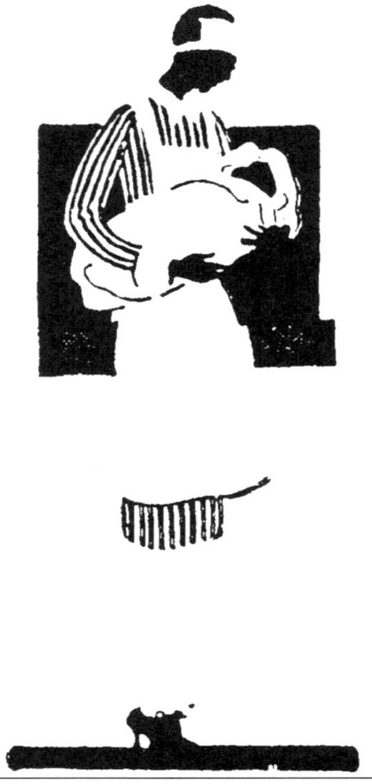

Die oberste Verteilung ist normalverteilt, also noch vor der Selektion. Die schwarzen Bereiche zeigen, wo über die Zeit Selektionsdruck vorkommt, bis die Verteilungskurve schließlich so aussieht wie unten. Als Selektionsdruck wird jegliches Phänomen bezeichnet, das das Verhalten und die Angepasstheit von lebenden Organismen in einer bestimmten Umwelt ändert. Es ist die treibende Kraft der Evolution und der Selektion.

Das Geburtsgewicht von Säuglingen fällt unter eine stabilisierende Selektion. Die Säuglingssterblichkeitsrate ist am niedrigsten bei mittlerem Geburtsgewicht und höher für geringes und großes Gewicht.

Eine bimodale Verteilung beschreibt eine disruptive (aufspaltende) Selektion, die die mittleren Werte in der Verteilung aussortiert und die Extremwerte favorisiert. Eine spaltende Selektion kann bei den Purpurastrilden (Pyrenestes ostrinus) in West-Afrika beobachtet werden. Während Vögel mit kleinen Schnäbeln kleine, weiche Samen essen, ziehen Vögel mit breiten Schnäbeln große und harte Samen vor.

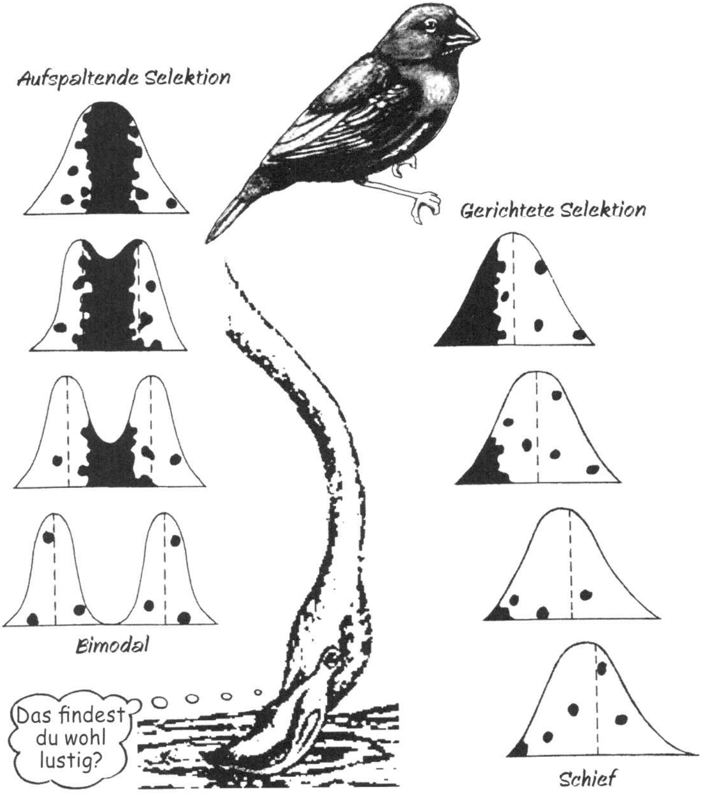

Wenn eine Verteilung in eine Richtung schief wird, handelt es sich um eine gerichtete (direktionale) Selektion, die dann vorkommt, wenn eine Gruppe von Lebewesen der gleichen Art günstigere Lebensbedingungen bei einem Pol der Verteilungskurve findet.

Der Birkenspanner

Eines der bekanntesten Beispiele gerichteter Selektion ist die Geschichte des Birkenspanners (Biston betularia), der im vorindustriellen viktorianischen England sehr verbreitet war. Auch wenn es 1848 schon pechrabenschwarze Mutanten gab, so waren sie doch sehr selten.

Innerhalb eines Jahrhunderts nahm der Anteil der schwarzen Birkenspanner im industriellen Norden auf 90 % zu. Der ursprüngliche hellere Birkenspanner war normalverteilt, aber als die Region immer schmutziger wurde, verschob sich die Kurve zur rechten Seite und erzeugte eine Schiefe.

Die Pearson-Kurven

Durch die Momentenmethode stellte Pearson auch eine Menge an Verteilungen theoretischer Natur zur Verfügung, welche dann mit einer empirischen Verteilung überlagert werden konnten, um herauszufinden, welche am besten „passt". Dieses System von Verteilungen wird als „Pearson-Kurven" bezeichnet.

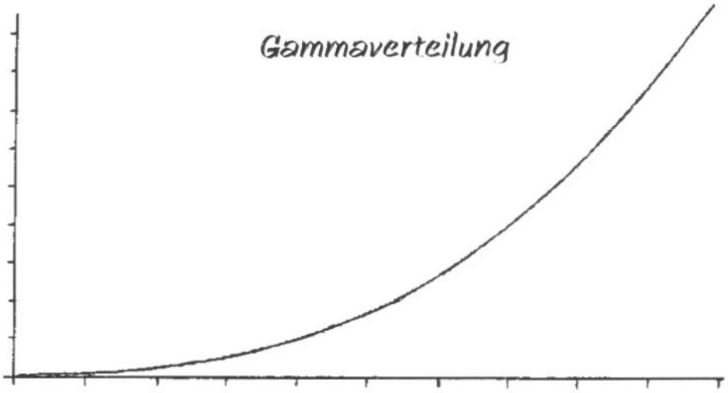

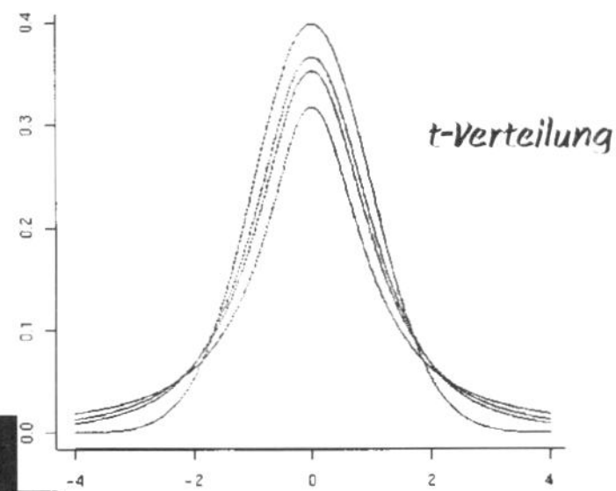

Typ III: Die Gammaverteilung, mit welcher er die exakte Chi-Quadrat-Verteilung herleitete (später mehr dazu)

Typ IV: Die Familie der nicht-symmetrischen Verteilungen

Typ V: Die Normalverteilung

Typ VII: Die t-Verteilung, heute bekannt unter dem Namen Student-t-Verteilung (später mehr dazu)

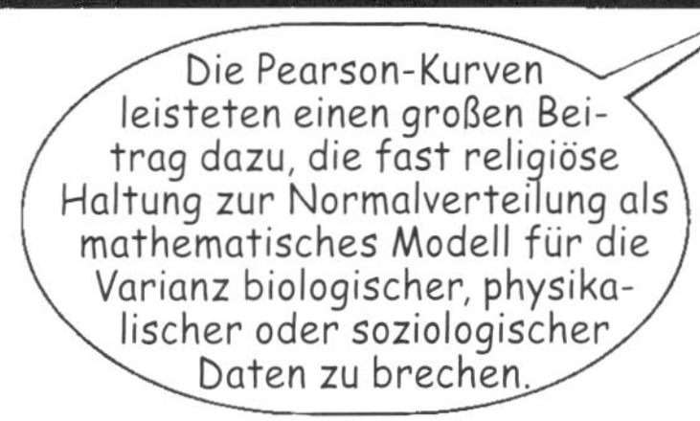

Churchill Eisenhart (1913-1994)

Wie werden Daten interpretiert?

Der Statistiker fängt damit an, zunächst nach globalen Mustern von Streuung in den Daten und auffälligen Abweichungen davon zu suchen.

Statistische Masse der Streuung
Die Messung von Streuung ist der Dreh- und Angelpunkt der mathematischen Statistik. Galton leitete das erste Maß der Streuung im Jahr 1875 her, als er den „Semi-Interquartilsabstand" einführte, den er definierte als $\frac{(Q3-Q1)}{2}$.

Ein p-**Quantil** ist ein Punkt auf der Verteilung, wobei p eine Zahl zwischen 0 und 1 ist. Der Wert p gibt dabei an, welcher Anteil der Werte unter dem Wert p liegt. Der Median ist also gleich dem 0,5-Quantil (die Hälfte der Werte liegt also unter $Q_{0,5}$.
Teilen die Quantile den Wertebereich in vier gleich große Teile ein, so spricht man auch von **Quartilen**.

$Q_{0,25}$	$Q_{0,5}$	$Q_{0,75}$	$Q_{1,0}$
Q1	Q2	Q3	Q4
Erstes Quartil	Zweites Quartil	Drittes Quartil	Viertes Quartil

Der Semi-Interquartilsabstand
Wie Galtons Median war diese Methode schnell und einfach zu verwenden. Sie wird von Ausreißern nicht beeinflusst:

2 3 4 6 **6** 8 9 11 **12** 14 14 15 **17** 18 19 21 **82**
Q1 (6) Q2 (12) Q3 (17) Ausreißer (82)

Hier ist der Semi-Interquartilsabstand gleich
$\frac{(17-6)}{2} = \frac{11}{2} = 5,5$.

Der (Inter-)Quartilsabstand

Dies ist eine etwas verbreitetere Methode zur Messung der Streuung der mittleren 50 % (um den Median) eines sortierten Datensatzes. Im folgenden Beispiel:

1 1 3 4 **4** 5 5 6 **6** 7 7 8 **8** 9 9 9 10
Q1 **Q2** **Q3**

ist also der Interquartilsabstand gleich Q3-Q1 oder 8-4=4. Folglich ist der Median Q2 hier gleich 6 und streut über einen Wertebereich von 4. Diese Technik blieb bis zur Verbreitung von Statistiksoftware in den 1970er Jahren eine einfache und schnelle Methode, um einen näherungsweisen Schätzer für Streuung zu berechnen.

Ebenso wie der Semi-Interquartilsabstand wird der Quartilsabstand von Ausreißern nicht beeinflusst:

2 3 4 6 **6** 8 9 11 **12** 14 14 15 **17** 18 19 21 **82**
Q1 **Q2** **Q3** Ausreißer

Der Interquartilsabstand ist gleich Q3 – Q1 = 17 – 6 = 11; der Median 12 streut über einen Wertebereich von 11.

Die Spannweite

In seiner ersten Vorlesung über Statistik führte Pearson 1892 den Begriff „**Spannweite**" ein, welches wohl das einfachste Werkzeug zur Messung der Streuung ist. Die Spannweite misst den Abstand zwischen dem größten und dem kleinsten Messwert eines Datensatzes und gibt so eine ungefähre Vorstellung über den Streubereich der Daten.

Der Vorteil der Spannweite ist ihre Einfachheit, allerdings ist sie das unzuverlässigste Variationsmaß, da sie nicht alle Daten verwendet und zudem sehr anfällig für Ausreißer ist.

Das Ergebnis 24°C ist kein zuverlässiger (reliabler) Maßstab für die Spannweite der Temperaturen dieser Novemberwoche, da die für die Jahreszeit untypisch hohe Temperatur von 26° eine Anomalie ist (oder vielleicht ein Zeichen der globalen Erwärmung).

Die Standardabweichung

In einer weiteren Vorlesung führte Pearson 1893 die Definition der **Standardabweichung** ein, ursprünglich als „Standarddivergenz" bezeichnet. John Venn hatte den Begriff „Divergenz" schon einige Jahre zuvor im Sinne von Abweichung verwendet. Die Standardabweichung ist ein Maß für die Streuung. Sie zeigt an, wie eng oder breit die Werte in einer Datenmenge streuen, d. h., wie stark ihre Abweichung vom Durchschnittswert (also dem Mittelwert) ist.

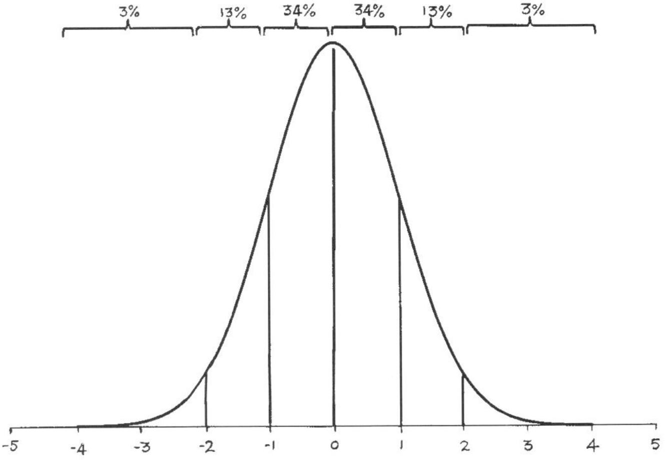

Die Standardabweichung wird oft als **s** oder σ (griech.: sigma) abgekürzt. Geläufig ist auch **SD** (für den englischen Ausdruck „standard deviation").

Die Standardabweichung ermöglicht es, alle Werte für die Variationsmessung einzubeziehen anstatt lediglich zwei oder drei (wie etwa in Galtons Quartilsabstand, s. S. 96).

Die Standardabweichung wird definiert als

$$= \sqrt{\frac{(\text{Summe (Rohwerte-Mittelwert)}^2}{(\text{Anzahl der Beobachtungen})}}$$

Oder

$$S = \sqrt{\frac{\sum(X - \bar{X})^2}{N}}$$

Die Standardabweichung ist also die Wurzel der durchschnittlichen quadrierten Abweichungen.

(1) subtrahieren wir den Mittelwert von den Rohwerten (abgekürzt X), was den „Abweichungswert" (abgekürzt x) liefert,

(2) quadrieren wir die Werte und können so das Vorzeichen ignorieren.

(3) summieren wir die bei (2) erhaltenen Werte, teilen durch die Anzahl der Messpunkte und ziehen die Wurzel aus dem Wert. Dies ergibt den Durchschnitt der quadrierten Abweichungen (oder den Wert der Standardabweichung).

Rohwert – Mittelwert = Abweichungswert   Quadrierter Abweichungswert

X	$\bar{x}$	x	x^2
12	8	4	16
10	8	2	4
6	8	-2	4
8	8	0	0
4	8	-4	16
5			40

Formel für die Standardabweichung:

$$S = \sqrt{\frac{\sum x^2}{n}} = \sqrt{\frac{40}{5}} = \sqrt{8} = 2.82$$

Mit anderen Worten, das mittlere Ausmaß der Abweichung in dieser Datenmenge ist 2,82 Einheiten entfernt vom Mittelwert 8.

Eine große Standardabweichung (relativ zum Mittelwert) bedeutet, dass die Häufigkeitsverteilung weit um den Mittelwert streut, während eine kleine Standardabweichung zeigt, dass die Daten dicht um den Mittelwert konzentriert sind und nur geringfügige Unterschiede zwischen den einzelnen Beobachtungen vorliegen.

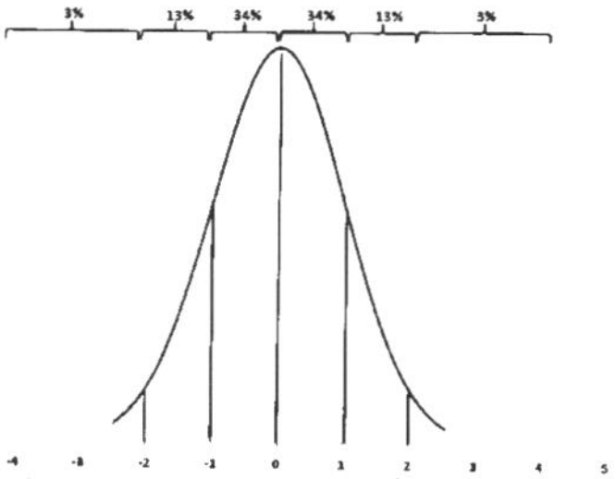

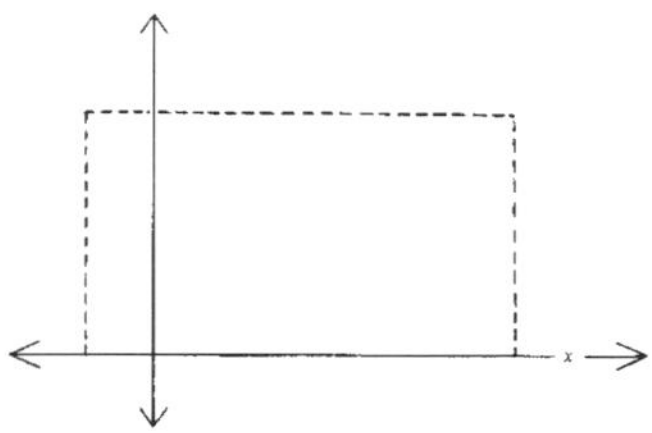

Kleine Standardabweichung

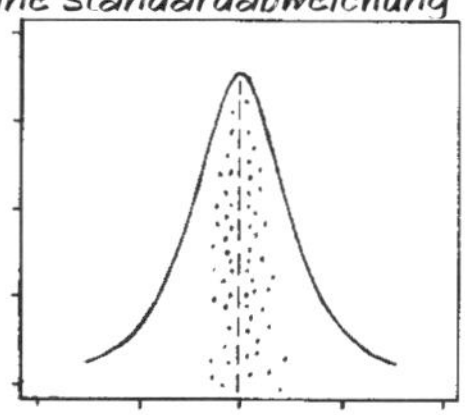

Mittelwert

Große Standardabweichung

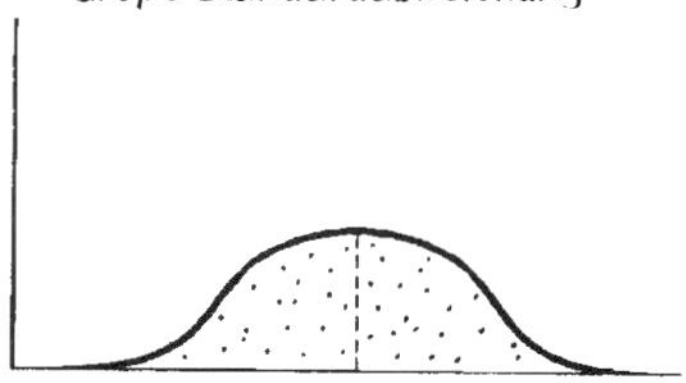

Mittelwert

Während die Standardabweichung ein in der Praxis eingesetztes Variationsmaß ist, wird die Varianz für eher theoretische Zwecke verwendet, insbesondere in der Varianzanalyse (siehe Seiten 168-170).

Die Varianz

Die Varianz ist also auch ein Variationsmaß, jedoch wird sie eher für Zufallsvariablen verwendet. Sie zeigt an, in welchem Ausmaß die Werte um den Erwartungswert streuen. Der Erwartungswert ist der Wert, den man „erwartet", wenn ein Zufallsexperiment unter gleichen Voraussetzungen häufig wiederholt wird.

Die Formel für die Varianz ist (vgl. S. 101):

$$\frac{\text{Summe (Rohwerte – Mittelwert)}^2}{\text{Anzahl der Beobachtungen}}$$

oder auch:

$$\frac{\text{Summe der quadrierten Abweichungen}}{\text{Anzahl der Beobachtungen}}$$

beziehungsweise

$$S^2 = \frac{\sum(X - \bar{X})^2}{N}$$

Mit den Werten aus dem Beispiel (von Seite 101) erhalten wir:

$$S^2 = \frac{\sum X^2}{N} = \frac{40}{5} = 8$$

Da die Standardabweichung als absolutes Streuungsmaß nur schwer (relative) Vergleiche zwischen Gruppen ermöglicht, wie konnte Pearson dann feststellen, wie variabel eine bestimmte Gruppe ist, und wie konnte er sie mit anderen Gruppen vergleichen, die völlig verschiedene Mittelwerte haben? Er benötigte dafür eine andere statistische Methode.

Galton passte dafür den Mittelwert der Frauen an einen äquivalenten Wert für Männer an und verglich dann die Abweichungen bei Frauen und Männern. Diese „Transmutation" erfolgte durch die Multiplikation aller Frauengrößen mit der Konstanten 1,08.

Variationskoeffizient

Pearson war der Meinung, dass man die Varianzen der Körpergröße zwischen Männern und Frauen am besten dadurch vergleichbar macht, indem man die Abweichungen im selben Verhältnis verändert.

Die Standardabweichung allein, die in Zentimeter oder Zoll gemessen wird, würde vermutlich zeigen, dass Männer durchschnittlich die größere Varianz haben, da Männer einen größeren Mittelwert haben. Jedoch beantwortet das nicht die Frage:

Für eine solche Messung leitete Pearson den **Variationskoeffizienten** her. Dies erwies sich als wichtig, als er feststellen wollte, wie variabel Gruppen von Weldons Krabben und Krebsen waren.

Für seine neue Methode drückte Pearson die Standardabweichung in Prozent des arithmetischen Mittels aus. Der Variationskoeffizient ist als **relatives** Variationsmaß nützlich für Vergleiche, während die Standardabweichung ein **absolutes** Variationsmaß ist. Pearson machte deutlich, dass relative Größen nicht nur die Mittelwerte, sondern auch die Abweichungen von den Mittelwerten beeinflussen.

Der Variationskoeffizient:

$$\frac{\text{Standardabweichung}}{\text{Mittelwert}}$$

Oder als Prozentwert

$$\frac{\text{Standardabweichung}}{\text{Mittelwert}} \times 100$$

Variation von Variablen vergleichen

Der Variationskoeffizient ist einheitslos, also kann er verwendet werden, um die Streuung von Variablen mit unterschiedlichen Einheiten zu vergleichen. Man könnte also beispielsweise herausfinden, ob die Celsiustemperaturen in London stärker schwanken als die Fahrenheittemperaturen in New York.

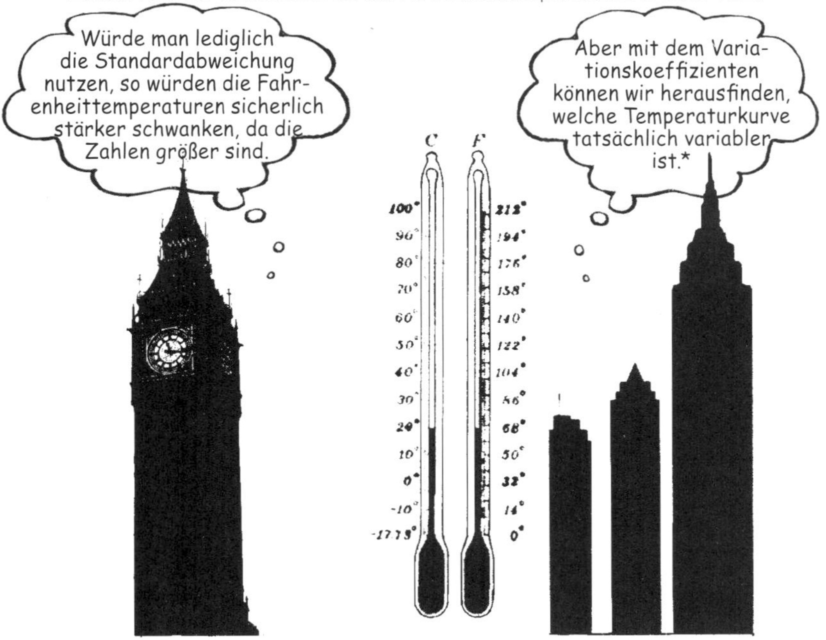

	London	New York
	Celsius	Fahrenheit
Montag	15	40
Dienstag	19	60
Mittwoch	20	70
Donnerstag	13	55
Freitag	24	75
Samstag	18	65
Sonntag	21	70

* Allerdings muss man gerade beim Rechnen mit Temperaturen (-/+!) darauf aufpassen, dass der Mittelwert nicht Null wird. Sonst würde der Variationskoeffizient unendlich.

Praktische Anwendungen

Diese Methode hat viele Anwendungen in Industrie, Marketing und Wirtschaft. Wollhersteller verwenden den Variationskoeffizienten, um Variationen bei den Faserdurchmessern und Webungenauigkeiten beim Garn einzukalkulieren.

Diese Informationen ermöglichen es beispielsweise Produzenten, verschiedene Wollqualitäten entsprechend der jeweiligen Marktsituation herzustellen.

Pearsons Skalenniveaus

Die Unterscheidung von Skalenniveaus war zentral für die Entwicklung von Pearsons Korrelationsmethoden und für andere statistische Tests. Als Galton, Weldon und Pearson anfingen, Daten zu analysieren, konnten nahezu alle Daten als stetig (mit unendlichen Ausprägungen) aufgefasst werden. Gegen 1899 fing Pearson an, statistische Koeffizienten zu entwickeln, um Zusammenhänge zwischen nicht-stetigen (also diskreten, mit endlichen Ausprägungen) Variablen zu beschreiben.

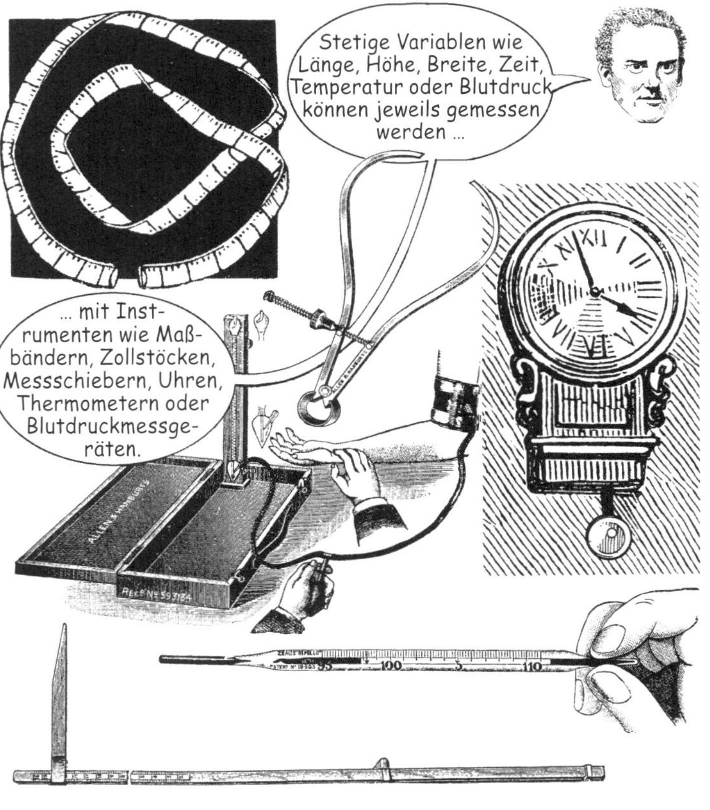

Diese Variablen können in Maßeinheiten ausgedrückt werden, die sich auf standardisierte Größen reduzieren lassen, wie beispielsweise Zentimeter, Sekunde, Minute, Grad oder Bar.

Nominale und Ordinale Variablen

Pearson hatte das erste Mal mit diskreten Variablen zu tun, als er anfing, sich für die Vererbung der Augenfarben beim Menschen und der Fellfarben bei Pferden und Hunden zu interessieren. In diesen Fällen war es nicht möglich, die Variablen zu messen, vielmehr mussten sie gezählt werden. Augenfarben lassen sich nicht in derselben Art und Weise messen wie Größe, Gewicht oder Zeit, die sich in einer Skala ordnen lassen.

Pearson bezeichnete Variablen wie z. B. Augenfarbe als **nominal**.

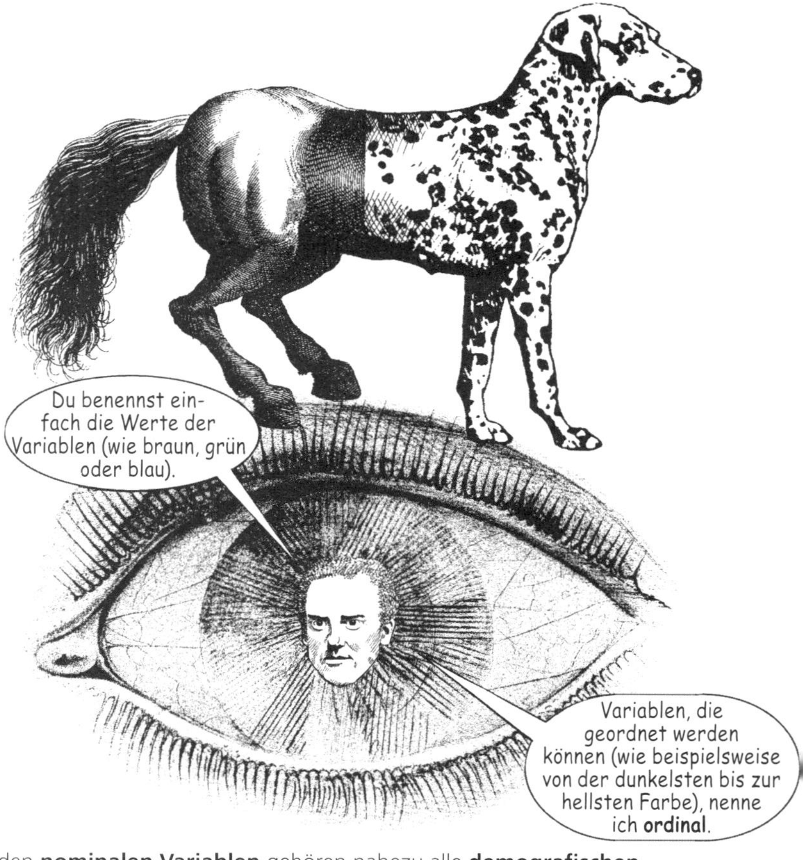

Zu den **nominalen Variablen** gehören nahezu alle **demografischen Variablen** wie beispielsweise Religionszugehörigkeit, politische Einstellung oder sozioökonomischer Status.

Ordinale Variablen werden einfach nach ihrer Rangordnung sortiert und dann benannt. Ein Beispiel für eine Ordinalskala ist die Mohs-Skala, die 1822 vom deutschen Mineralogen Franz Mohs entwickelt wurde.

Verhältnis- und Intervallskalen

Der amerikanische Psychologe **Stanley Smith Stevens** (1906-1973) führte 1947 eine weitere Unterteilung der „stetigen Variablen" ein, indem er zwischen Ratio- (Verhältnis-) und Intervallskalen für Messungen unterschied (die meisten stetigen Variablen von Pearson waren Ratiovariablen):

1. Verhältnisskalen (Ratioskalen)

Diese unterscheiden sich von intervallskalierten Variablen (siehe nächste Seite) auf zwei Arten: a) Ein absoluter Nullpunktgibt an, dass die untersuchte Eigenschaft (z. B. Größe, Gewicht, Blutdruck) nicht vorhanden ist, und b) Verhältnisskalen sind additiv.

2. Intervallskalen

Der Nullpunkt ist beliebig und beschreibt nicht das Nichtvorhandensein eines Wertes (wie etwa in 0°C).

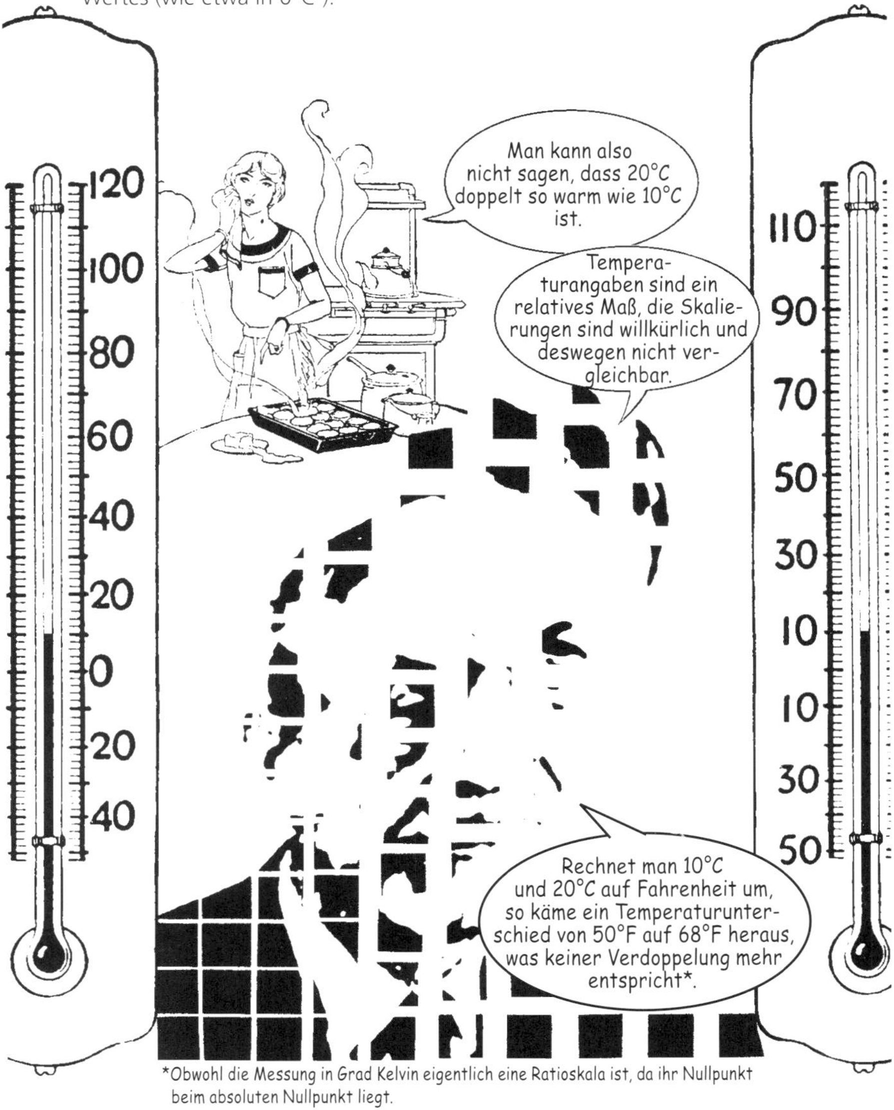

*Obwohl die Messung in Grad Kelvin eigentlich eine Ratioskala ist, da ihr Nullpunkt beim absoluten Nullpunkt liegt.

Korrelation

Die Korrelation ist eine der am meisten verwendeten statistischen Methoden. Sie zeigt an, wie stark zwei Variablen (beispielsweise Größe und Gewicht) miteinander zusammenhängen. Das geläufigste Korrelationsmaß misst eine lineare Beziehung zwischen den zwei Variablen, also wie gut ihr Zusammenhang sich einer geraden Linie annähert.

Allerdings kann nicht jedes Variablenpaar durch statistische Korrelation beurteilt werden. Auch werden verschiedene Korrelationsmethoden in der Wissenschaft (zum Beispiel in Biologie, Medizin, Psychologie, Pädagogik oder Soziologie) bzw. in Industrie und Wirtschaft verwendet.

Verschiedene Korrelationsmethoden werden für verschiedene Variablentypen verwendet, jeweils abhängig vom Skalenniveau.

Pearson entwickelte Methoden für alle Variablentypen.

Frühe Verwendung der Korrelation

Mehr als hundert Jahre bevor es eine Methode zur Messung von Korrelation gab, hat man den Begriff „Korrelation" eigentlich schon benutzt. Verwendet hat ihn zuerst der Biologe **Comte de Buffon** (1707-1788) und dann im Jahre 1801 der Paläontologe Baron **Georges Cuvier** (1769-1832), der schon über die „Korrelation von Teilen" sprach.

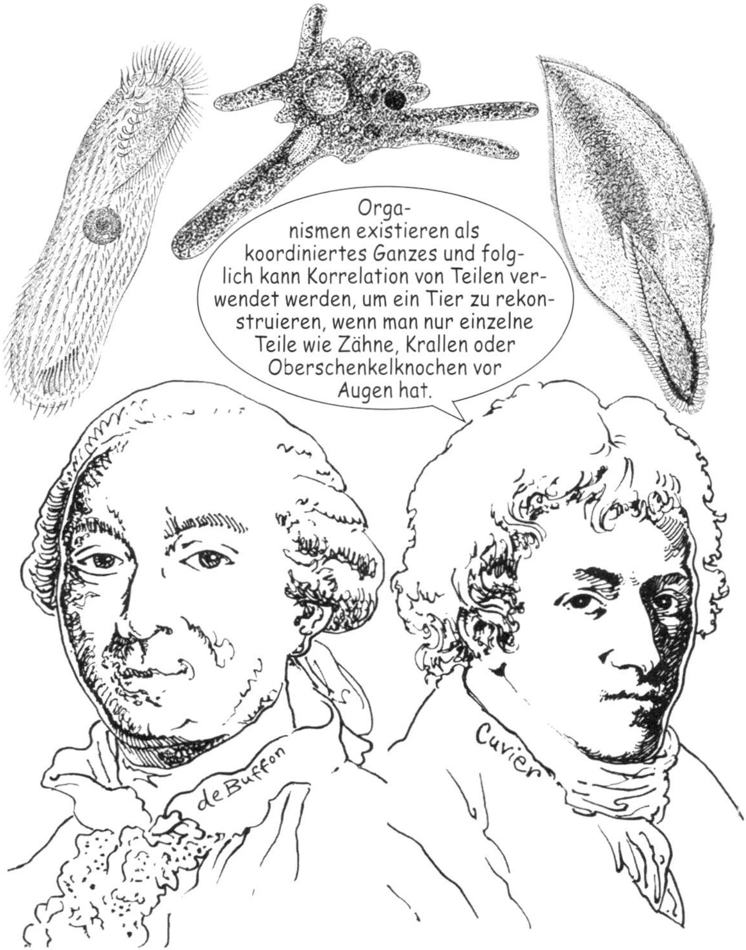

Charles Darwin, der Cuviers Ideen zur Korrelation für wichtig hielt, sprach beispielsweise von funktionaler Korrelation, wenn die Größe eines Organs als Funktion eines anderen Organs gesehen werden kann. Er diskutierte auch eine Entwicklungskorrelation, die beispielsweise in frühen Stadien des Wachstums auftritt und die Entwicklung der Organismen beeinflusst.

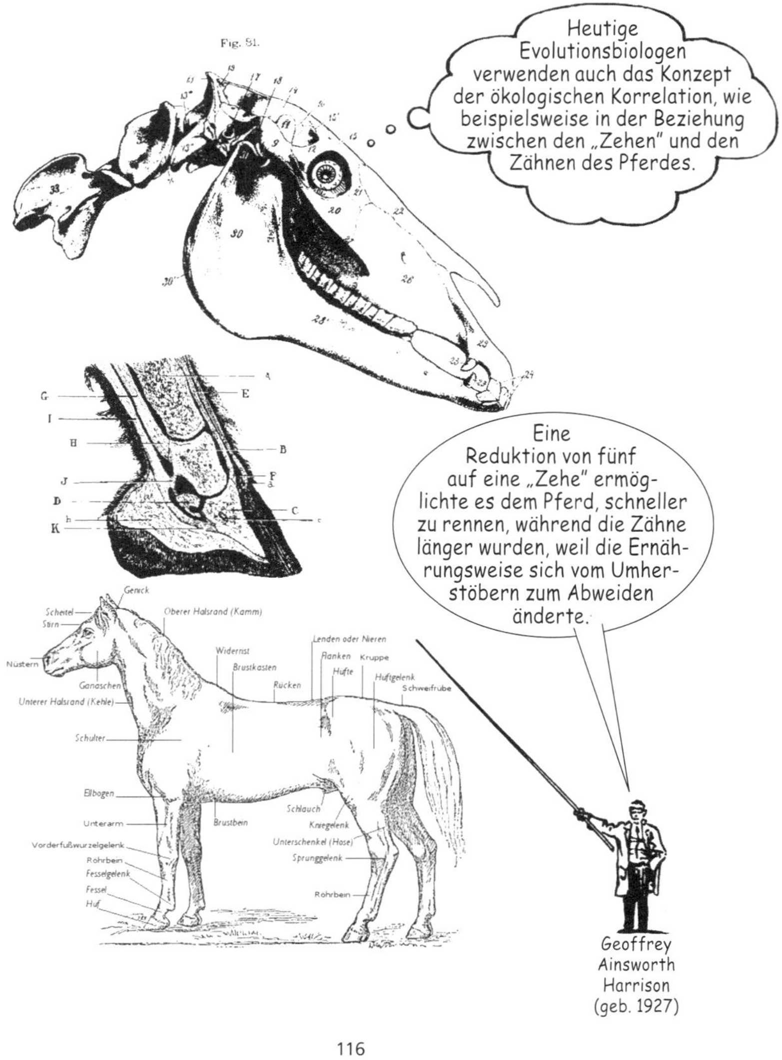

Kausalität und Scheinkorrelationen

Francis Galton war der Erste, der eine Methode zur Messung der Korrelation definierte: Er entwickelte einen Graph, um Beziehungen zwischen Mutter- und Tochtergenerationen von Gartenwicken zu finden.

Bevor Galton die Idee der Korrelation entwickelte, wurden vor allem in der Physik zwei miteinander verbundene Ereignisse primär durch **Kausalität** erklärt.

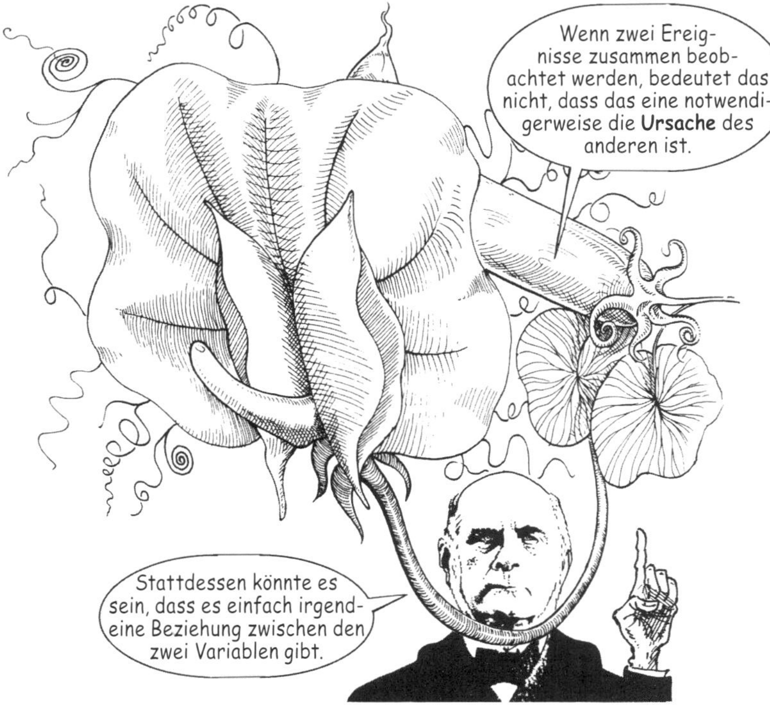

Bevor er Galton traf, war Pearson überzeugt, dass formale Mathematik nur auf Naturphänomene angewandt werden könne, die sich gegenseitig kausal bedingen. Jedoch wurde Pearson klar, dass, insbesondere in der Biologie, Galtons Ideen der Korrelation die Kausalität ersetzte. Er wurde schließlich zu einem Anti-Kausalisten, der überzeugt war, dass das Universum nicht durch Kausalzusammenhänge (im engen Sinn) determiniert wurde, sondern dass stattdessen Variation ein wichtigeres Konzept war, um Naturphänomene zu erklären.

Pearson warnte seine Studenten davor, Korrelation als einen Hinweis auf Kausalität zu interpretieren. Jedoch konzedierte er auch: „Für diejenigen, die darauf bestehen, in alle Korrelationen Ursache und Wirkung hineinzuinterpretieren, ist es sicher ein Schock, wenn sie feststellen, dass auch Korrelationen zwischen unverbundenen Ereignissen auftreten können." Darüberhinaus stellt sich die Huhn-Ei-Frage: Wird X von Y verursacht oder andersrum?

Folglich lässt sich aus einer mathematisch perfekten Korrelation noch keine Kausalität ableiten: Sie bedeutet lediglich, dass zwei Variablen hoch korreliert sind. Dies könnte das Ergebnis einer Scheinkorrelation sein, die von einer dritten Variablen verursacht wird, die auch Störvariable oder konfundierende Variable (vom engl. confounder) genannt wird.

Auch wenn beispielsweise die Universitätsabschlüsse von Studenten stark mit ihrem späteren Einkommen korrelieren, könnte es auch sein, dass diese Korrelation in Wirklichkeit versteckt oder offen von einer dritten Variablen hervorgerufen wird, wie beispielsweise der Bereitschaft, hart zu arbeiten.

Pfadanalyse und Kausalität

Der Evolutionsbiologe Sewall Wright erweiterte Pearsons Ideen der Korrelation in den Bereich der Ursache und Wirkung, indem er die logische und methodologische Verbindung zwischen Korrelation und Kausalität im Detail weiterentwickelte.
Mithilfe von Pearsons multipler Regressionsanalyse (siehe Seiten 134-138) leitete Wright 1918 eine statistische Methode her, die er **Pfadanalyse** nannte.

Streudiagramme (Scatterplots)

Korrelation wird in Streudiagrammen häufig grafisch so dargestellt, dass man die Werte in ein Koordinatensystem einträgt und so „Punktewolken" entstehen, deren grafische Form man analysieren kann. Falls die zwei Variablen Punkte wie eine dünne Ellipse produzieren, die einer Gerade ähneln, bedeutet das, dass die Werte stark korrelieren. Eine breitere Ellipse indiziert eine moderate Korrelation. Ähneln die Punkte einem Kreis, so liegt gar keine Korrelation vor. In diesem Sinne misst die Korrelation also die Stärke (stark, mittel, gar nicht) eines linearen Zusammenhangs.

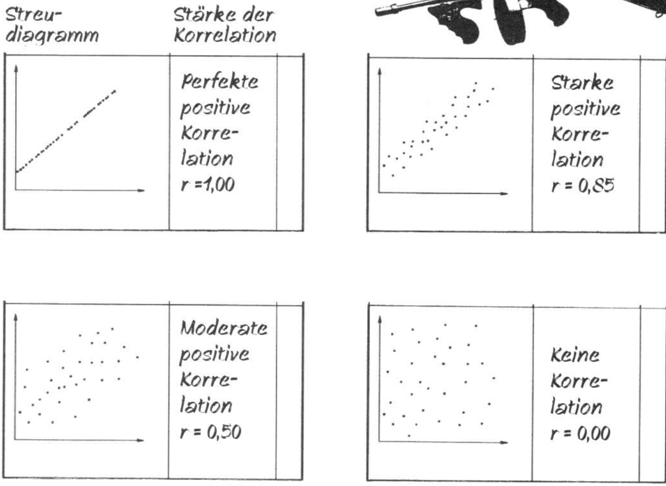

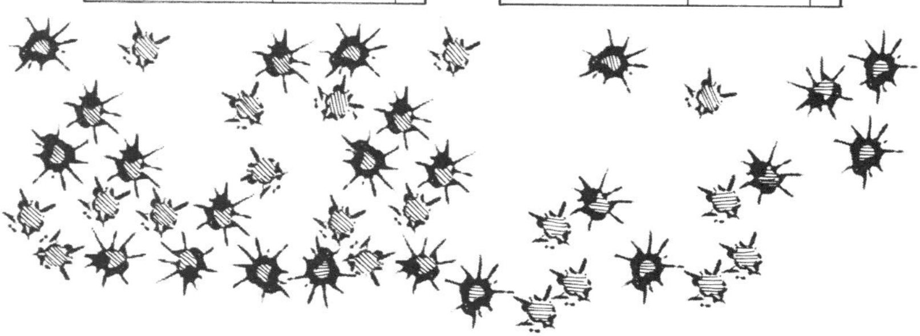

Jedoch kann die Korrelation hierbei nicht durch einen Prozentsatz ausgedrückt werden. Mit anderen Worten, eine moderate Korrelation von 0,55 und eine hohe Korrelation von 0,80 sind nicht äquivalent zu 55 % oder 80 %, wie einige Leute fälschlicherweise glauben.

Weldon und die negative Korrelation

Der numerische Wert der Korrelation misst auch die Richtung der Beziehung. Entweder gehen zwei Variablen zusammen nach oben und unten (beispielsweise gehen Größe und Gewicht bei gesunden Babys zusammen nach oben) oder die eine Variable bewegt sich nach oben, während die andere nach unten geht (beispielsweise ist die Reisezeit geringer, je größer die Reisegeschwindigkeit ist: Die Zeitdauer wird kleiner, wenn die Geschwindigkeit ansteigt). Ersteres ergibt eine positive oder direkte Korrelation, Letzteres eine negative oder inverse Korrelation.

Geoffrey W.F.R. Weldon mit seiner Frau und Arbeitskollegin Florence

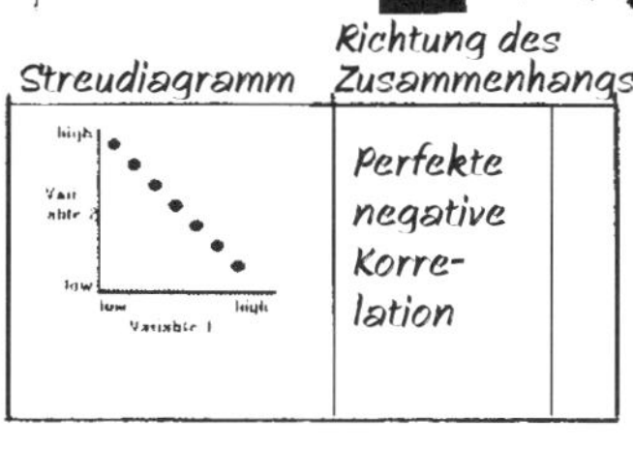

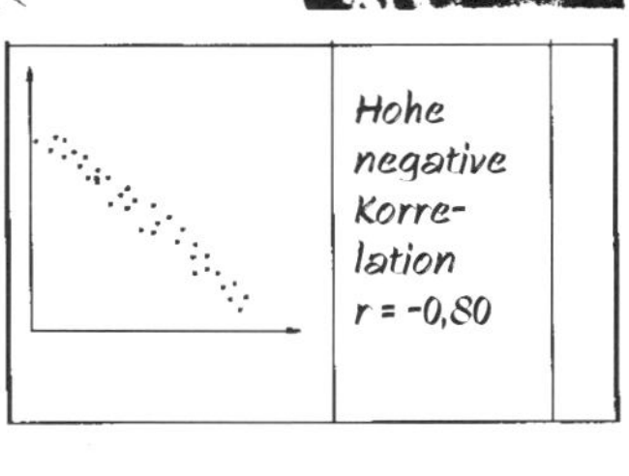

Kurvilineare Beziehungen

Auch wenn der Korrelationskoeffizient Informationen über das Ausmaß eines linearen Zusammenhangs liefert, ist ein Streudiagramm trotzdem ein nützliches Werkzeug. Es kann nämlich Aufschluss darüber geben, ob nicht auch ein kurvilinearer Zusammenhang vorliegen könnte. Pearson führte 1905 den Begriff „Korrelationsverhältnis" (correlation ratio) ein, um kurvilineare Verbindungen zu überprüfen.

Während das Wachstum im frühen Alter eines Menschen linear ist, so ist die Kurve über die gesamte Lebenszeit kurvilinear. Kleinkinder wachsen bis ins Jugendalter: Sie werden größer, ihre Haare wachsen, sie werden stärker, agiler und beweglicher. Über die komplette Lebensdauer hingegen gesehen bauen einige dieser Charakteristiken wieder ab: Einige Menschen werden wieder kleiner. Besonders Männer verlieren oft ihre Haare bis hin zur Glatzköpfigkeit. Viele Menschen büßen mit zunehmendem Alter ihre Agilität und Beweglichkeit ein.

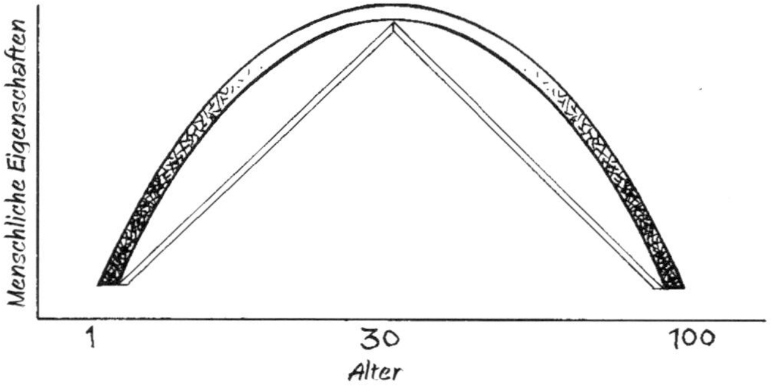

Galton und biologische Regression

Bevor Galton an dem Problem der Korrelation arbeitete, beschäftigte er sich mit Regression.

Galton maß 1875 den Durchmesser und das Gewicht tausender Samen von Gartenwicken und ihrer direkten Nachkommen und fand heraus, dass die Nachkommen „nach den Eltern kamen“ und dass sie normalverteilt sind. Nahm die Samengröße bei der Mutterpflanze zu, so auch deren Größe bei der Tochterpflanze. Jedoch war Samen des Nachwuchses immer etwas weniger groß (oder klein) als der der Mutterpflanze. Die Nachkommen vollzogen also einen Schritt zurück in Richtung auf die Größe ihrer „Vorfahren-Wicken“. (Rückkehr zur Mitte)

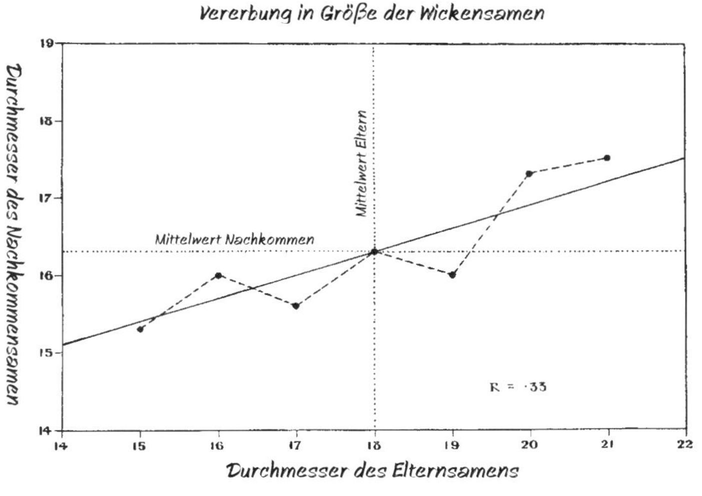

Galtons Gartenwicken-Regressionsgerade

Regression zur Mitte

Regression zur Mitte heißt die Tendenz einer Eigenschaft in der Grundgesamtheit, sich von den Extremwerten wegzubewegen und sich den Durchschnittswerten anzunähern.

Galton untersuchte die Korrelation der Größen von Vätern und ihrer Söhne, da die Größen einfach zu messen sind und über die komplette Lebensdauer stabil bleiben.

Jedoch entstand durch Galtons Feststellung ein Paradoxon, da sie der bisher postulierten Unidirektionalität der Regression widersprach. Galton musste also erklären, wie das Gewicht der Nachkommen irgendwie das Gewicht der Eltern beeinflussen konnte.

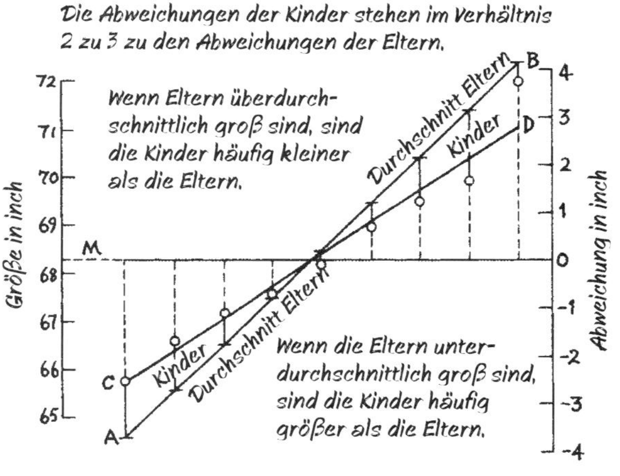

Galtons zwei Regressionsgeraden

Zwar zeigte Galton, dass es eine Korrelation zwischen Vätern und Söhnen gab, jedoch ergaben seine zwei Regressionsgeraden ein anderes Bild.

Die Geraden in der oberen Hälfte der Abbildung zeigten, dass, falls die Eltern überdurchschnittlich groß sind, so würden deren Kinder kleiner sein – die Größen der Kinder tendieren zum Mittelwert („Regression"). Umgekehrt zeigten die Regressionsgeraden in der unteren Hälfte der Abbildung, dass, falls die Eltern kleiner als der Durchschnitt sind, so würden deren Kinder größer als die Eltern sein, also auch eine Regression zum Mittelwert vollziehen.

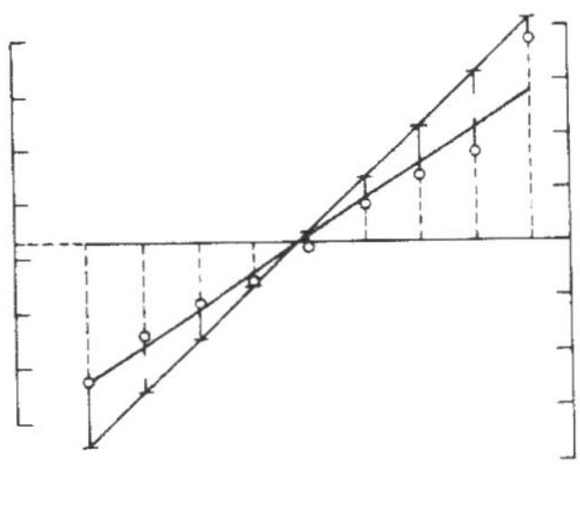

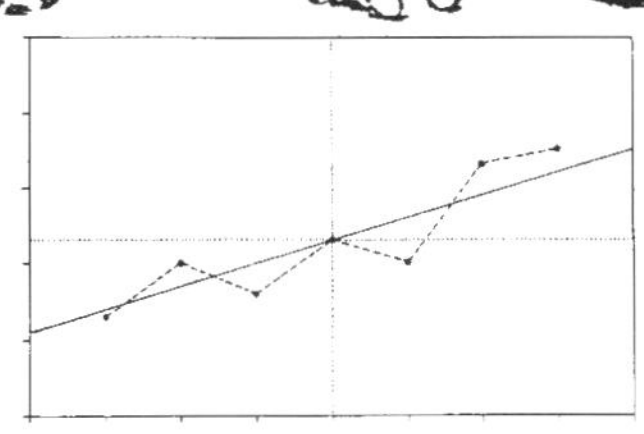

Die Größen der Väter und Söhne werden verwendet, um die Regression zur Mitte an zwei Einzelbeispielen zu erläutern:

Tabelle A

Regression der Größe des Vaters auf die Größe des Sohnes

Vater 1,85 m
Mittelwert 1,68 m
Sohn 1,75 m

Tabelle B

Regression der Größe des Sohnes auf die Größe des Vaters

Sohn 1,88 m
Mittelwert 1,73 m
Vater 1,68 m

Robert Pershing Wadlow (1918-1940), größter Mensch der Welt neben „normalem" Mann und Kind

Für das erste Beispiel (Tabelle A) wurde aus einer Stichprobe von 100 Vätern und ihren Söhnen die durchschnittliche Größe von 1,68 m ermittelt. Die Größe von einem der Väter beträgt 1,85 m, während sein Sohn 1,73 m groß ist. Der Vater ist überdurchschnittlich groß, der Sohn dagegen ist kleiner: Seine Größe hat sich dem Mittelwert angenähert („Regression zur Mitte"). Im zweiten Beispiel ist der Sohn 1,88 m groß. Die Regression der Körpergröße des Vaters zur Mitte könnte zu einer Größe des Vaters von 1,68 m geführt haben. In diesem Fall wäre der Vater kleiner als der Durchschnitt, der Sohn dagegen ist größer als der Vater.

Dadurch, dass die Charakteristika einer Population von extremen Werten hin zu durchschnittlichen Werten tendieren, verstärkte die Regression zur Mitte Galton in seiner Ansicht, dass alle Verteilungen Normalverteilungen sein müssen. Galton war auch überzeugt, dass die natürliche Auslese (Selektion) keine ständige Veränderung in einer Population hervorrufen könne, da die nächste Generation wieder zum artenspezifischen Mittelwert zurückkehren würde.

Jedoch übersah Galton, dass durch die Reproduktion nach der natürlichen Selektion die Normalverteilung zwar in der Tat wieder hergestellt würde, jedoch mit einem geänderten Mittelwert (siehe Seite 93).

Die Regression hat allerdings keinen Einfluss auf die Variation (oder Varianz) innerhalb der Grundgesamtheit. Die Variation verschwindet nicht wegen der Regression.

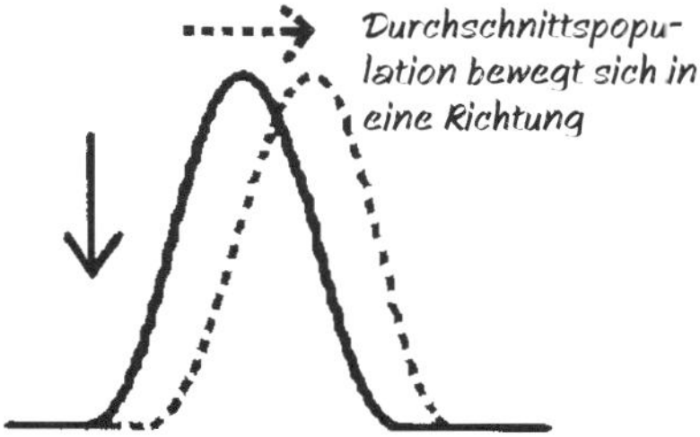

Durchgezogene Linie: Ursprüngliche Verteilung vor der Selektion
Gestrichelte Linie: Neue Normalverteilung mit neuem Mittelwert nach der Selektion

George Udny Yule und die Methode der kleinsten Quadrate

Ende des 19. Jahrhunderts formulierte Pearsons Student **George Udny Yule** (1871-1951) einen neuen Ansatz, um Korrelation und Regression durch eine neue Verwendung der Methode der kleinsten Quadrate (s. auch S. 54) zu interpretieren. Es handelt sich um ein mathematisches Werkzeug, das den Einfluss von Fehlern minimiert, wenn die optimale Regressionsgerade für eine Menge von Datenwerten gesucht wird.

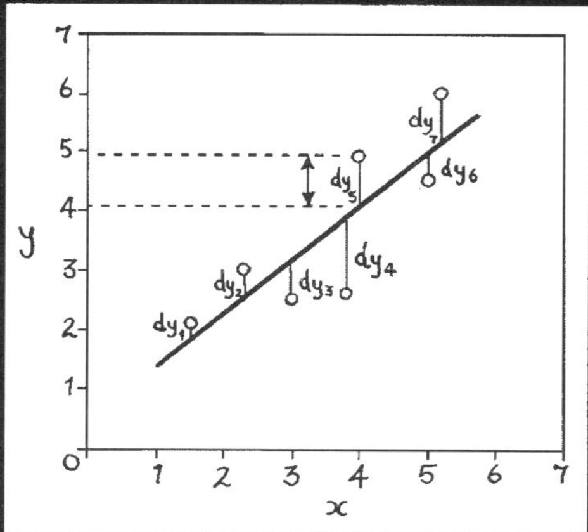

Die Methode der kleinsten Quadrate erlaubt es Statistikern, bei der Regressionsanalyse die Werte der abhängigen Variable „Y“ (also derjenigen, die untersucht wird) in Abhängigkeit einer bestimmten Variablen „X“ (die unabhängige Variable, die gezielt verändert/manipuliert wird) zu schätzen.

Auch wenn die Methode der kleinsten Quadrate verwendet werden kann, um Regressionsgeraden zu analysieren, entsteht ein Großteil der Verwirrung bei der Regression zur Mitte durch Leute, die vergessen, dass Galtons Regression zur Mitte zwei Regressionsgeraden benötigt anstatt lediglich eine, um mit der Methode der kleinsten Quadrate zukünftige Ergebnisse vorherzusagen.

Korrelation vs. Regression

Galton wollte die Ko-Relation (wie er sie buchstabierte) der Größe zwischen Vater und Sohn messen, doch Pearson stellte 1896 fest, dass Galtons Verfahren die Steigung (slope) der Regressionsgerade berechnet, welcher eigentlich ein Maß für den Regressionskoeffizienten ist.

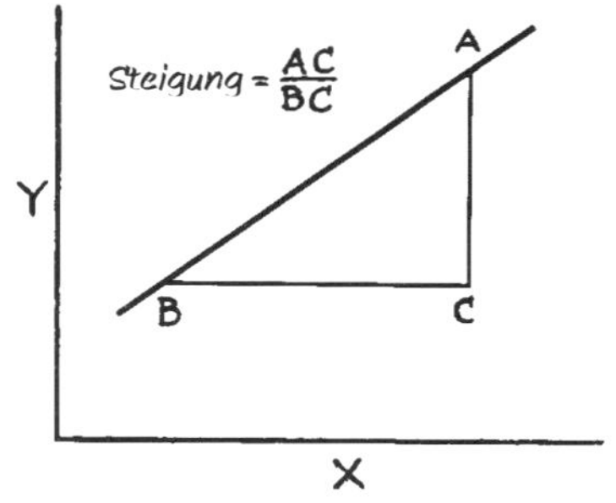

Galton konstruierte eine willkürliche Gerade zu den Werten (fitting) und prüfte danach, ob die Steigung der Geraden gleich 1 war. Der Wert 1 würde bedeuten, dass die geschätzten Größen der Söhne denjenigen der Väter entsprechen; ein Wert kleiner als 1 hieße, dass die Größen der Kinder näher am Mittelwert liegen. Die Kinder wären also kleiner.

Galtons Dilemma

Wie konnte es passieren, dass Galton, der eine mathematische Formel für die Korrelation suchte, doch letzten Endes ein Regressionsmaß berechnete? Pearson erklärte Galtons Arbeit.

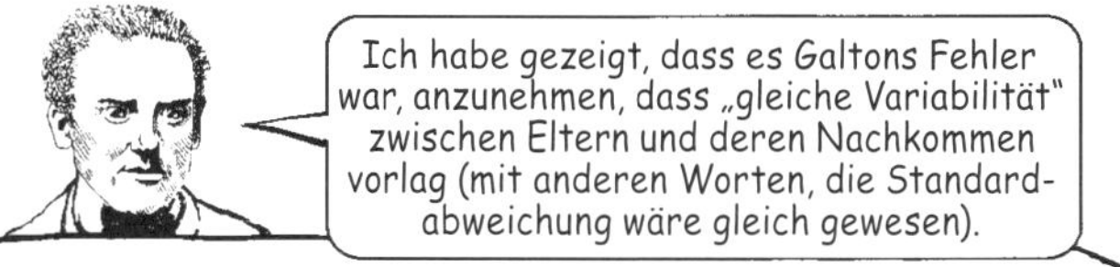

Pearson konnte diese Abweichung zwischen Vätern und Söhnen getrennt voneinander mithilfe seiner Standardabweichung messen. Er zeigte dann, dass, falls die Standardabweichungen einer Eigenschaft bei den Nachkommen und bei den Eltern den gleichen Wert annehmen sollten, auch der Regressionskoeffizient und der Korrelationskoeffizient den gleichen Wert haben würden. Er unterstrich jedoch, dass der Korrelationskoeffizient und der Regressionskoeffizient fast immer unterschiedliche Werte ergeben würden.

Galton hatte also die Konzepte von Korrelation und Regression miteinander vermischt. Pearson zerbrach die Unidirektionalität von Galtons Konzept der Regression, befreite sie aus dem engen Rahmen der Vererbungsgenetik und machte daraus ein rein statistisches Konzept. Nachdem Pearson einmal gezeigt hatte, dass Galtons Korrelationsformel eigentlich ein Maß für Regression darstellt, konnte er Galtons „r" als Bezeichnung für den Korrelationskoeffizienten beibehalten.

Pearsons Produkt-Moment-Korrelation

Aufbauend auf dem System der Momentenmethode leitete Pearson eine schlüssige mathematische Formel für die Korrelation her. Er bewies, dass die Optimalwerte der Steigung der Regressionsgeraden und des Korrelationskoeffizienten aus dem Produkt-Moment berechnet werden können, wobei x und y die Abweichungen der beobachteten Werte von ihren entsprechenden Mittelwerten sind. Pearson fand heraus, dass die beste Formel für das, was er 1896 den Produkt-Moment-Korrelationskoeffizienten nannte, diese war:

$$r = \frac{\sum (xy)}{(S_x)(S_y)} = \frac{\text{Kovarianz}}{\text{(Standardabweichung von x) (Standardabweichung von y)}}$$

Die Kovarianz $\sum (xy)$ misst, wie die Abweichungen zweier Zufallsvariablen sich zusammen bewegen.

Nach Pearson ließ sich dann der Regressionskoeffizient berechnen als:

$$b = \frac{\sum (xy)}{S^2_x} = \frac{\text{Kovarianz}}{\text{Varianz von x}}$$

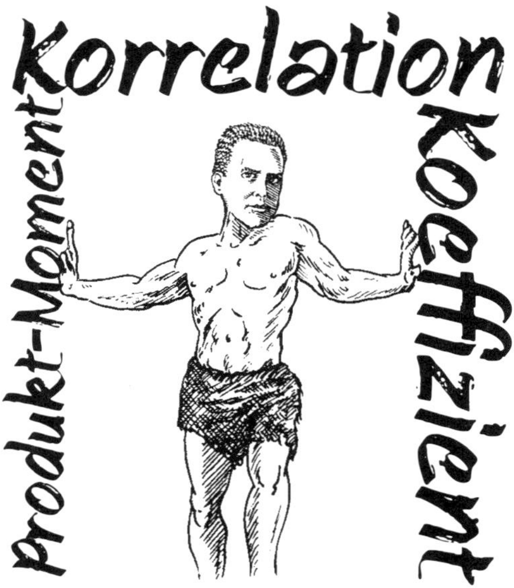

R. A. Fisher: Unabhängige und abhängige Variablen

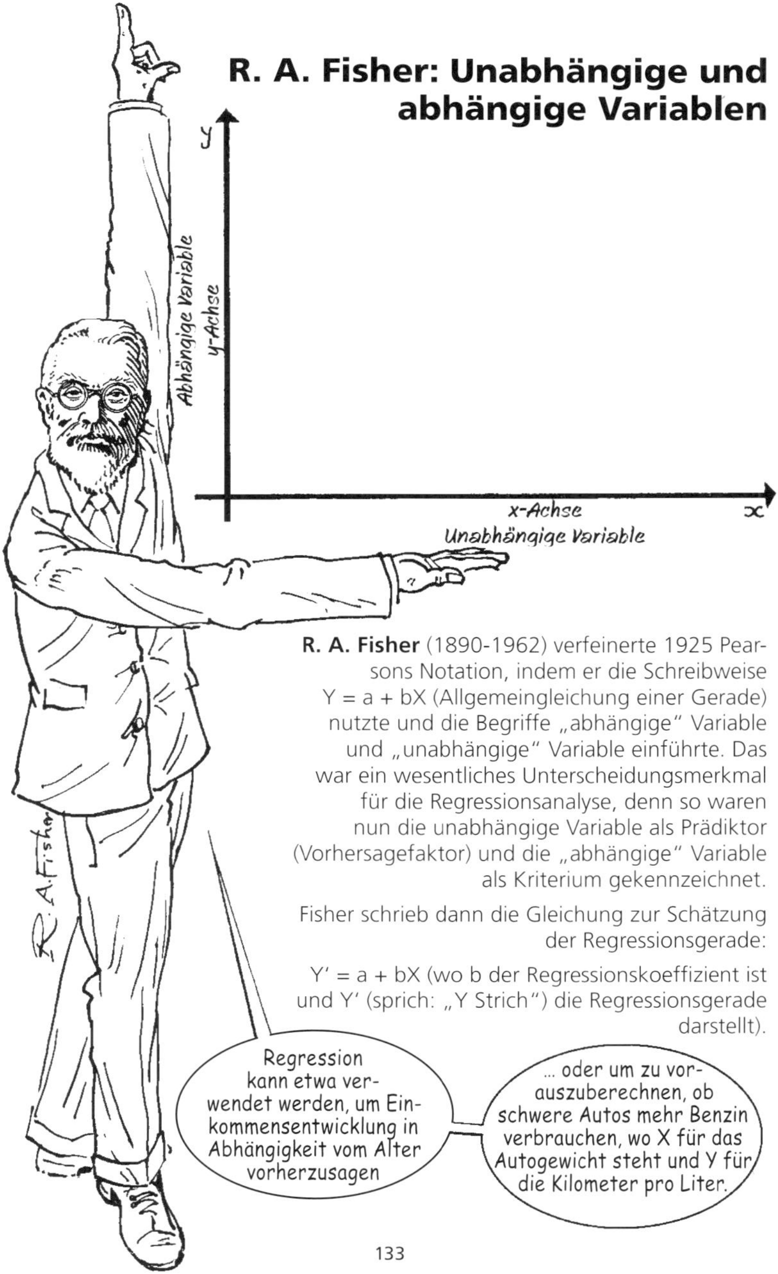

R. A. Fisher (1890-1962) verfeinerte 1925 Pearsons Notation, indem er die Schreibweise Y = a + bX (Allgemeingleichung einer Gerade) nutzte und die Begriffe „abhängige" Variable und „unabhängige" Variable einführte. Das war ein wesentliches Unterscheidungsmerkmal für die Regressionsanalyse, denn so waren nun die unabhängige Variable als Prädiktor (Vorhersagefaktor) und die „abhängige" Variable als Kriterium gekennzeichnet.

Fisher schrieb dann die Gleichung zur Schätzung der Regressionsgerade:

Y' = a + bX (wo b der Regressionskoeffizient ist und Y' (sprich: „Y Strich") die Regressionsgerade darstellt).

Einfache und multiple Korrelation

Pearson führte den Begriff **einfache Korrelation** ein, um den linearen Zusammenhang zwischen lediglich zwei stetigen Variablen zu beschreiben, wie beispielsweise zwischen der Größe der Väter und der Größe der Söhne.

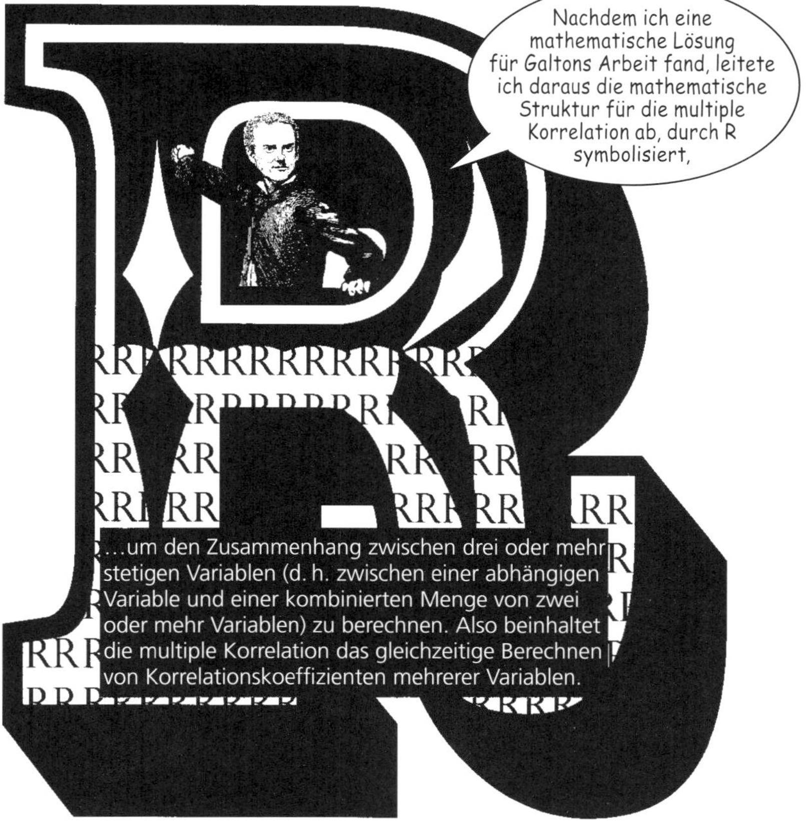

Diese Arbeit legte den Grundstein für die Entwicklung der **multiplen Regression**. Genauso wie die einfache Regression liefert sie eine lineare Vorhersage. Doch anstatt nur einer unabhängigen Variablen können mehrere zur Vorhersage der abhängige Variable berücksichtigt werden.

Die Überlappung dreier Variablen

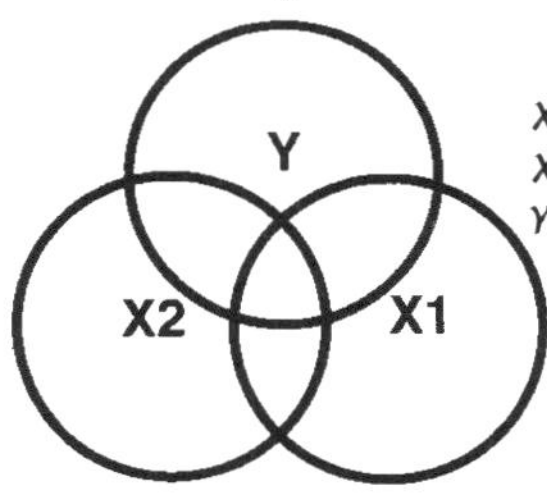

X1 = Essenskonsum
X2 = Bewegungsmangel
Y = BMI (Body Mass Index)

Höhere Mathematik und Matrixalgebra

Um den multiplen Korrelationskoeffizienten zu berechnen, brachte Pearson die sog. „höhere Mathematik" ein. Diese spielte Ende des 19. Jahrhunderts eine entscheidende Rolle in der Professionalisierung mathematischer Statistik als akademisches Fach. Pearson hatte diese Art der Mathematik in Cambridge von J. J. Silvester und **Arthur Cayley** (1821-1895) gelernt, die während des 19. Jahrhunderts die Matrixalgebra aus der von ihnen gefundenen Invariantentheorie abgeleitet hatten.

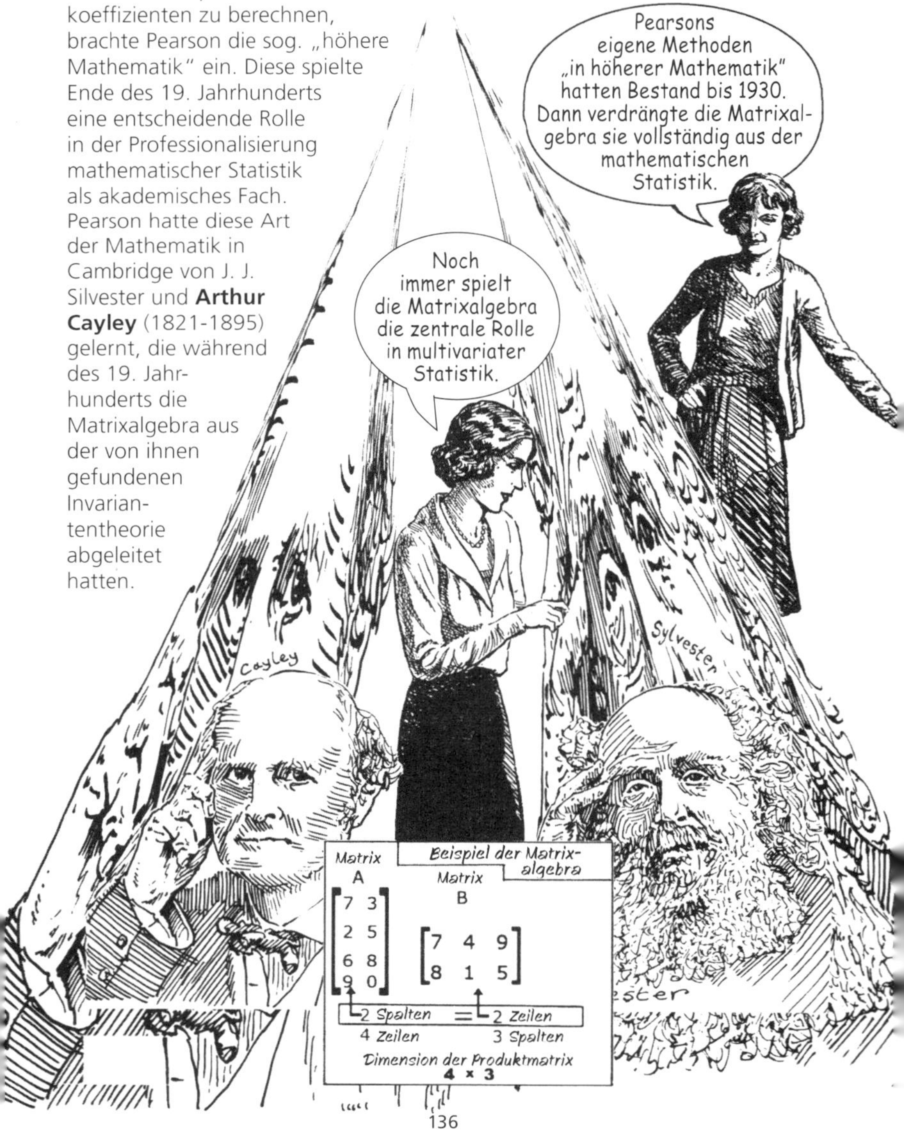

Diese mathematische Weiterentwicklung ermöglichte es Statistikern, komplexe mathematische Lösungen für statistische Probleme in einem multivariaten (oder p-dimensionalen) Raum zu finden, wenn ein bivariates (oder zweidimensionales) System nicht mehr ausreicht.

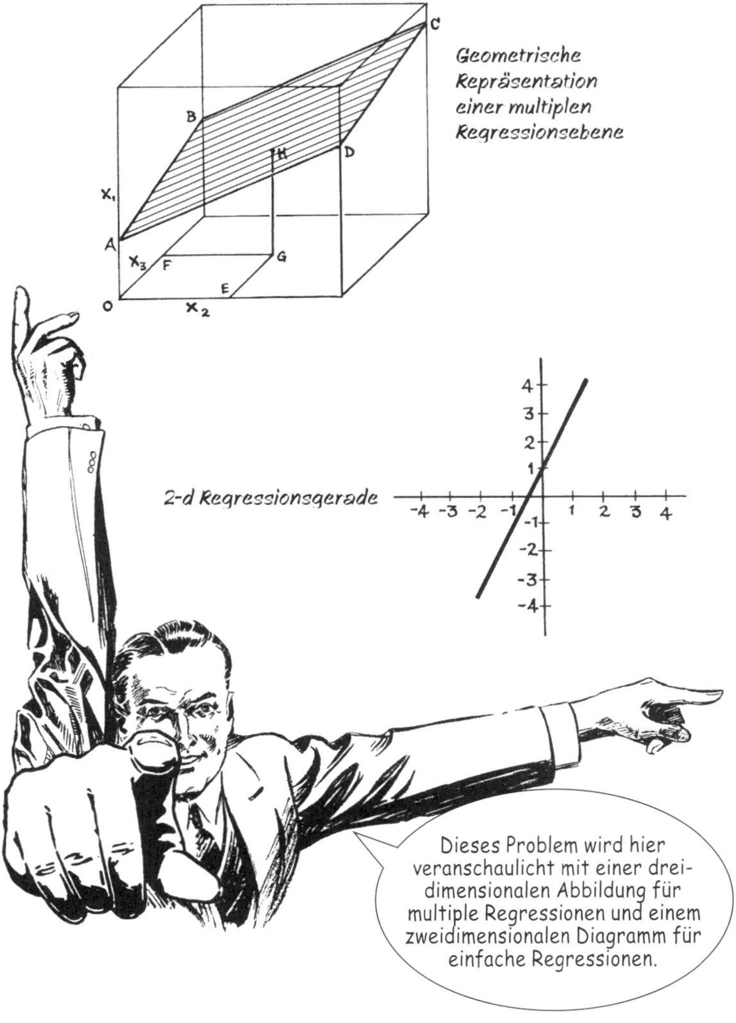

Statistische Kontrolle

Wissenschaftler können in der Forschung auf zwei Arten von Kontrolle zurückgreifen: Kontrolle durch Experimente und Kontrolle durch Statistik.

Pearson entwickelte 1895 die **semipartielle Korrelation,** mit der man statistisch für bestimmte Variablen kontrollieren kann. Diese Methode kann nur bei multipler Korrelation angewendet werden und setzt daher drei oder mehr Variablen voraus. Es handelt sich um die Korrelation zwischen der abhängigen Variable und einer der unabhängigen Variablen, nachdem der Einfluss einer der unabhängigen Variablen auf die erste unabhängige Variable statistisch eliminiert worden ist. So können die Wissenschaftler die Variable mathematisch isolieren, auch wenn sie experimentell nicht isoliert werden kann. Der Statistiker behandelt praktisch den beobachteten Wert, als ob es eine der Variablen nicht gäbe. (Wie wir später sehen werden, hängt die semipartielle Korrelation mit R. A. Fischers Kovarianzanalyse zusammen.)

Wenn sie jedoch den Effekt der Kalorienaufnahme allein untersuchen wollen, so könnten sie die semipartielle Korrelation verwenden und den Effekt der anderen unabhängigen Variablen (Fettaufnahme und Sport) eliminieren. Dies würde dann allein die Auswirkung der Kalorienzufuhr auf die Gewichtsabnahme beschreiben.

George Udny Yule führte später die **Partialkorrelation** ein. Hierbei kann der Effekt einer oder mehrerer unabhängiger Variablen **sowohl** auf die abhängige Variable **als auch** auf eine weitere unabhängige Variable entfernt werden. Durch die Partialkorrelation kann man Scheinkorrelationen identifizieren (siehe Seite 118).

Diskrete 2 x 2-Zusammenhänge

Pearson führte 1900 zwei weitere Koeffizienten ein: den tetrachorischen („vier-stimmig") Korrelationskoeffizienten (r_t) und seinen Phi-Koeffizienten (ϕ), später bekannt als „Pearsons Phi-Koeffizient" für diskrete Variablen. Beide Koeffizienten sind Maße für den Zusammenhang zweier Variablen, konzipiert für die 2x2-Kreuztabelle (auch „Vierfeldertafel"), die in zwei sich gegenseitig ausschließende Kategorien eingeordnet werden können (die deswegen auch „dichotome" Variablen heißen).

Todesfälle bei Infizierung

geimpft	nicht-geimpft	
a	b	*wieder gesundet*
c	d	*tot*

Beispiel einer Vierfeldertafel nach Pearsons Studie über die Wirksamkeit eines Impfstoffes gegen Typhus im Jahr 1904.

Pearsons Phi-Koeffizient wurde für zwei Variablen entwickelt, die jeweils eine echte Dichotomie darstellen (also auch diskret sind). Diese Technik wird allgemein von Psychologen zur Konstruktion von psychometrischen Tests verwendet, wo solche Dichotomien bestehen, wie z. B. „wahre" und „falsche" Testfragen, und von Epidemiologen, die den Zusammenhang zwischen Sterblichkeitsrate und einem Risikofaktor untersuchen wollen, der mit der „Anwesenheit" oder „Abwesenheit" einer Krankheit verbunden ist.

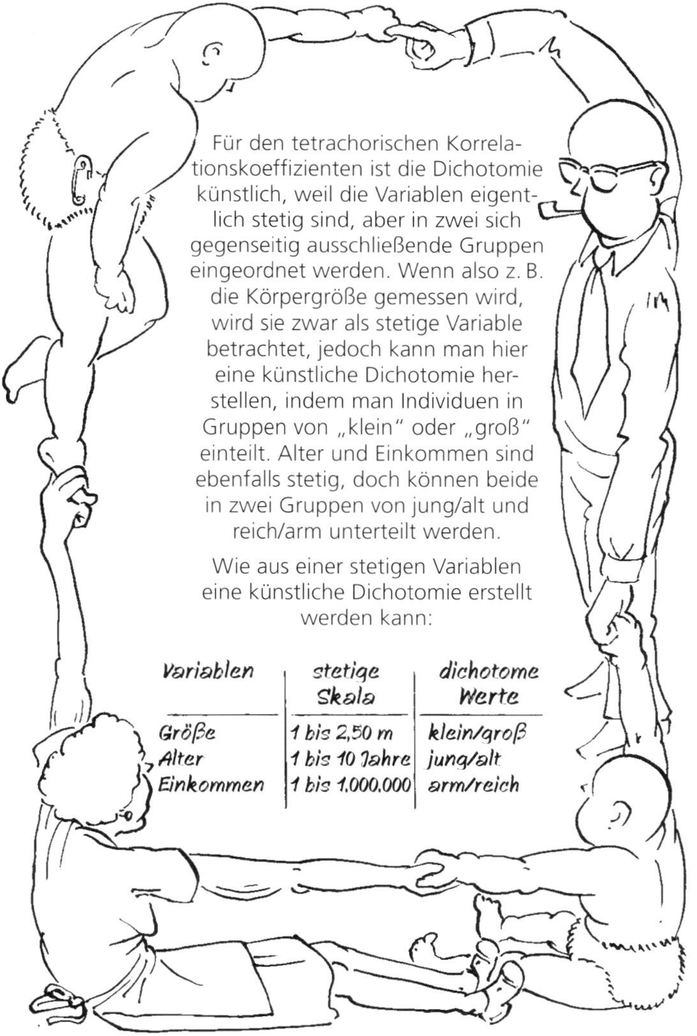

Für den tetrachorischen Korrelationskoeffizienten ist die Dichotomie künstlich, weil die Variablen eigentlich stetig sind, aber in zwei sich gegenseitig ausschließende Gruppen eingeordnet werden. Wenn also z. B. die Körpergröße gemessen wird, wird sie zwar als stetige Variable betrachtet, jedoch kann man hier eine künstliche Dichotomie herstellen, indem man Individuen in Gruppen von „klein" oder „groß" einteilt. Alter und Einkommen sind ebenfalls stetig, doch können beide in zwei Gruppen von jung/alt und reich/arm unterteilt werden.

Wie aus einer stetigen Variablen eine künstliche Dichotomie erstellt werden kann:

Variablen	stetige Skala	dichotome Werte
Größe	1 bis 2,50 m	klein/groß
Alter	1 bis 10 Jahre	jung/alt
Einkommen	1 bis 1.000.000	arm/reich

Yules Q-Statistik

Yule schlug die Q-Statistik, die er nach Quetelet nannte, im Jahr 1899 vor (einen Monat später hat Pearson dann seinen Phi-Koeffizienten und die Vierfelderkorrelation eingeführt). Yule suchte auch ein Maß, das weder stetige Variablen noch das Vorliegen einer Normalverteilung voraussetzt, wie es bei Pearsons Produkt-Moment-Korrelation der Fall war.

Ich stellte fest, dass mein Q-Koeffizient (bei Werten von -1.00 bis +1.00) immer etwas größer war als Pearsons Vierfelderkorrelationskoeffizient.

$$Q = \frac{(ad - bc)}{(ad + bc)}$$

Soziologen waren unter den Ersten, die Yules Q-Statistik verwendeten. Die Q-Statistik wurde von Medizinstatistikern Ende des 20. Jahrhunderts übernommen. Darauf aufbauend wurde das Quotenverhältnis* (odds ratio) entwickelt, ein Zusammenhangsmaß, das man direkt aus Zellbesetzungen von Vierfeldertafeln berechnen kann.

* Das Quotenverhältnis ist eine statistische Maßzahl, die etwas über die Stärke eines Zusammenhangs von zwei Merkmalen aussagt.

Biseriale Korrelationen

Pearson definierte die **biseriale Korrelation** im Jahr 1909. Sie ist verwandt mit der Produkt-Moment-Korrelation (bei der beide Variablen stetig sind), bis auf einen Unterschied:

Wie wir werden später sehen, dass die biseriale Korrelation dem „Student-t-Test" und Fishers Varianzanalyse ähnelt.

Die **punktbiseriale Korrelation** hängt mit Pearsons biserialer Korrelation zusammen, aber eine Variable ist stetig und die andere stellt eine „echte Dichotomie" dar, wie beispielsweise weiblich/männlich. Sie ist eine Schätzung, was die Produkt-Moment-Korrelation ergeben würde, wenn die dichotome Variable durch eine stetige Variable ersetzt werden würde.

Diese zwei Methoden werden recht häufig von Psychologen für die Item-Analyse bei der Konstruktion verschiedener Intelligenz- und Eignungstests verwendet. Durch die biseriale Korrelation kann die Korrelation zwischen der Antwort auf eine Frage (item) des Tests (item score) mit dem Gesamtergebnis (total score) festgestellt werden.

Pearsons **triseriale Korrelation** ähnelt der biserialen Korrelation, wo eine Variable stetig ist, während die zweite Variable eine Trichotomie (z. B. klein, mittel, groß) abbildet.

Egon Pearson und die polychorische Korrelation

Im Jahr 1922 erfanden Pearson und sein Sohn Egon die **polychorische** Korrelation. Sie ähnelt der tetrachorischen Korrelation, doch hier kann eine Variable drei oder mehrere mögliche Werte annehmen. Während die tetrachorische Korrelation auf 2x2-Kontingenztafeln mit Variablen beschränkt ist, die nur binäre Werte (0, 1) annehmen können, wird die polychorische Korrelation mit einer n x n-Tabelle verwendet und Variablenwerten, die polyserial (0, 1, 2, 3, 4, ...) sind und dadurch 3 oder mehr Kategorien.

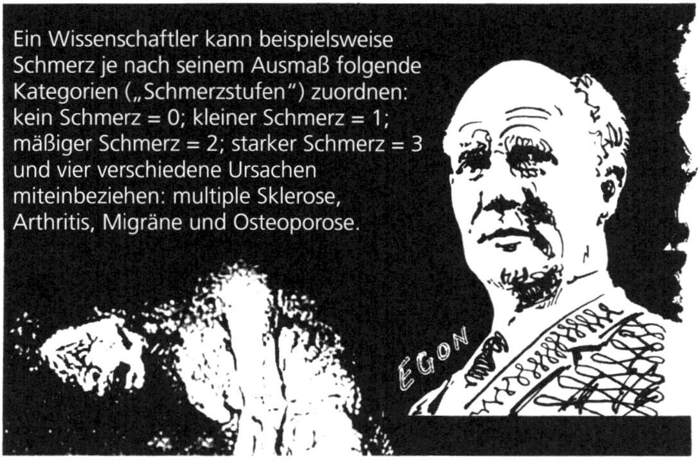

Schmerzstufen

Ursachen/ Krankheiten	kein = 0	klein = 1	mäßig = 2	stark = 3
multiple Sklerose				
Arthritis				
Migräne				
Osteoporose				

Rang-korrelation

Die Rangkorrelation ist die Untersuchung des Zusammenhangs zwischen verschiedenen Rangordnungen der gleichen Menge von Messwerten oder Beobachtungen. Sie misst den Zusammenhang zwischen zwei Rangordnungen und gibt deren statistische Signifikanz an. Zwei der meist benutzten Methoden wurden von **Charles Spearman** (1863-1945), Pearsons Student, und Maurice Kendall erdacht. Weitere Methoden sind der Wilcoxon-Vorzeichen-Rang-Test, der Mann-Whitney-U-Test und der Kruskall-Wallis-Test.

Im Prinzip ist ρ ein Spezialfall vom Pearsons Produkt-Moment-Korrelationskoeffizienten, bei dem die Daten in Ränge (vom höchsten zum niedrigsten) umgewandelt werden, bevor der Korrelationskoeffizient berechnet wird.

Faktorenanalyse

Spearman war stark durch Galtons Ideen beeinflusst – sowohl durch dessen Versuche, die individuellen Unterschiede bei menschlichen Fähigkeiten zu messen, als auch durch seine Ideen zur Intelligenztestung. Mithilfe von Pearsons Produkt-Moment-Korrelationskoeffizienten und der Hauptkomponentenanalyse*, die Pearson im Jahr 1901 eingeführt hatte, definierte Spearman eine neue statistische Methode: die **Faktorenanalyse**. Mittels Faktorenanalyse kann man einen komplexen Datensatz auf ein handhabbareres Format reduzieren, wodurch es möglich wird, Strukturen in den Beziehungen zwischen Variablen zu erkennen.

*Eine Hauptkomponentenanalyse (PCA) ist ein allgemeines statistisches Verfahren für die Veranschaulichung einer Vielzahl zusammenhängender Daten.

Kendalls Tau

Der britische Statistiker **Maurice Kendall** (1907-1983) erarbeitete im Jahr 1938 eine weitere Rangkorrelationsmethode: „Kendalls Tau". Diese Methode basiert auf der Anzahl der Übereinstimmungen und Unterschiede in Rangdaten.

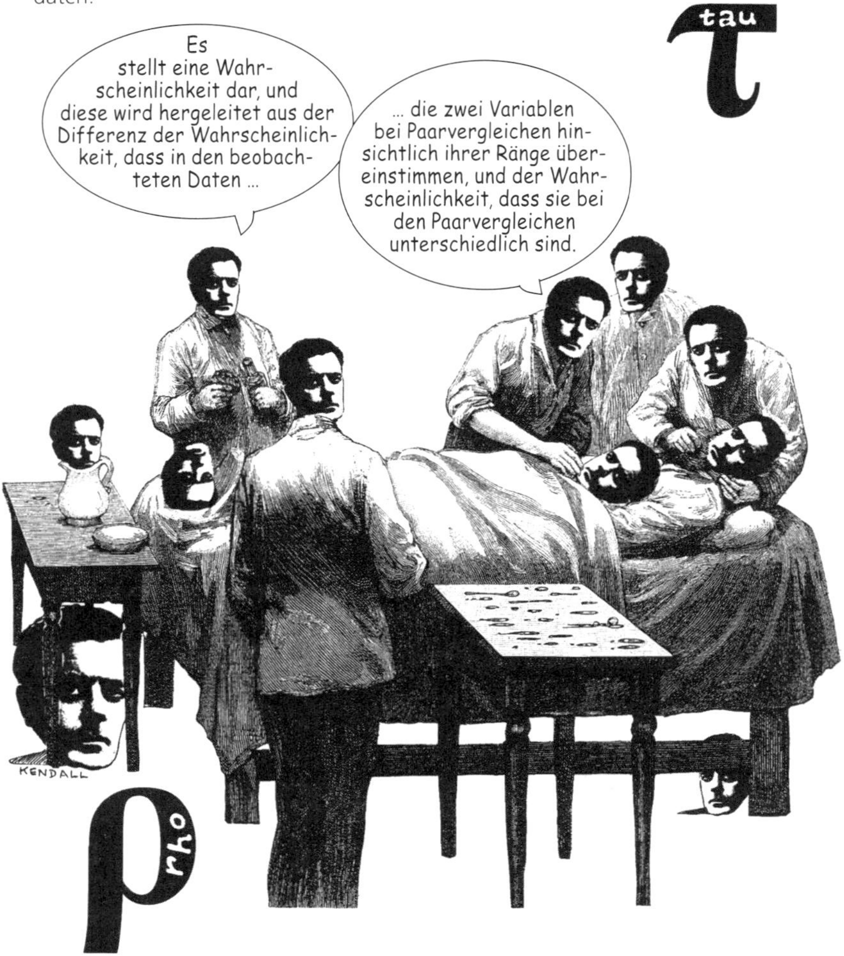

Kendalls „Tau" wird oft für größere Stichproben verwendet, während Spearmans „Rho" für kleinere Stichproben Anwendung findet.

Korrelation versus Assoziation

Die Begriffe Korrelation und Assoziation beschreiben zwei verschiedene Verfahren zur Quantifizierung statistischen Zusammenhangs.

Korrelationsmethoden unter anderem:

Pearsons einfache, multiple und semipartielle Korrelation, biseriale Korrelation, triseriale und polyseriale Korrelation, Vierfelderkorrelation und Yules Partialkorrelation.

Assoziationsmaße, wo beide Variablen nominal sind:

Phi-Koeffizient, Chi-Quadrat-Koeffizient und Yules Q.

Gemischte Maße, wo eine Variable diskret und die andere stetig ist:

Polychorische Korrelation, Wilcoxon-Vorzeichen-Rang-Test, Kendalls Tau, Mann-Whitney-U-Test, Spearmans Rho und Kruskall-Wallis-Test.

Die Güte von

Tests

Eine der Möglichkeiten, wie man die Normalverteilung zur Analyse oder Interpretation von Daten verwenden kann, ist die Testung der Anpassungsgüte. Die Anpassungsgüte (**goodness of fit**) sagt etwas darüber aus, wie gut die Daten einer Normalverteilung entsprechen.

Unser Held der Normalverteilung, Quetelet, machte ca. 1840 einen der ersten Versuche, einen Datensatz mit Beobachtungsdaten an eine Normalverteilung anzupassen (im Englischen auch „fitten" von „to fit"). Galton begann 1863, dieses Verfahren zu verwenden. Quetelets Verfahren war grafisch, und er benutzte eine Tafel, die auf der Binomialverteilung basierte, anstatt die Normalverteilung direkt durch diskrete Werte zu approximieren. Aber auch der Großteil von Galtons Arbeit war keine Anpassung an Verteilungen per se: Galton verglich seine berechneten Daten mit der Wahrscheinlichkeitsverteilung der Normalverteilung.

Wilhelm Lexis erdachte den Lexis-Ratio-L-Test im Jahr 1877. Es handelt sich um einen Anpassungsgütetest, womit man feststellen konnte, ob eine empirische Verteilung zur Normalverteilung konform war. Im Jahr 1887 entwickelte Francis Ysidro Edgeworth einen Anpassungsgütetest, der auf der Approximation der Normalverteilung durch die Binomialverteilung basierte. Auch wenn im 19. Jahrhundert viele andere Wissenschaftler versuchten, Anpassungsgütetests zu definieren, gaben sie ihren Formeln keinen theoretischen Unterbau. Dies gelang schließlich, wem sonst, Pearson.

Bevor Pearson einen neuen Anpassungsgütetest erarbeitete, bestand das normale Prozedere darin, Beobachtungsfehler mit einer Distributionstafel, die auf der Normalverteilung basierte, zu vergleichen. Alternativ konnte geschaut werden, ob die Daten grafisch einer Normalverteilung entsprechen. Über die damals typische Situation berichtete der Evolutionsbiologe **J. B. S. Haldane** (1892-1962):

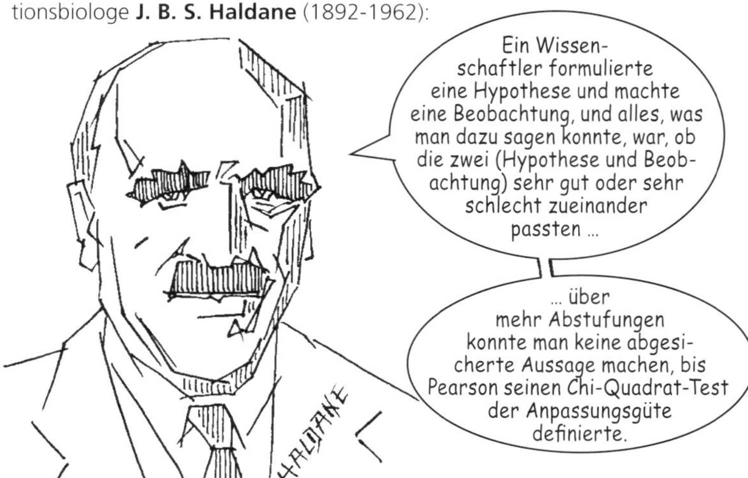

Kurvenfitting für asymmetrische Verteilungen

Pearsons Interesse an Kurvenfitting wurde von Weldons Arbeit über die Strandkrabben von Plymouth befeuert. Als Weldon 1892 herausfand, dass einige seiner Krabbendaten nicht auf eine, sondern eher auf zwei Normalkurven angepasst werden mussten – die er Doppel-Buckel- bzw. Bimodalverteilung nannte – rief er Pearson zu Hilfe.

Pearson wollte einen anderen Weg zur Interpretation der Daten finden ohne den Versuchs sie zu normalisieren, wie Quetelet und Galton es gemacht hatten. Sowohl er als auch Weldon hielten es für entscheidend, die Form zu analysieren, ohne sie zu verzerren, da sie vielleicht Informationen über das Entstehen einer neuer Spezies enthielt.

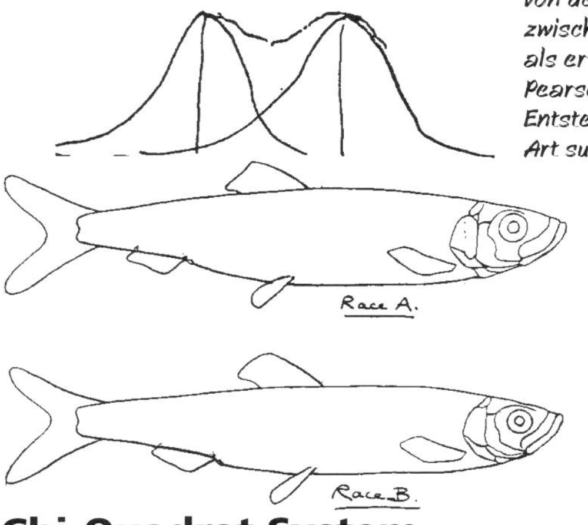

Weldons Zeichnungen von den Unterschieden zwischen Heringen, als er zusammen mit Pearson Hinweise für die Entstehung einer neuen Art suchte.

Das Chi-Quadrat-System

Während seiner laufenden Arbeit am Kurvenfitting in den 1890er Jahren brauchte Pearson ein Kriterium zur Feststellung der Anpassungsgüte, was ihn zur Ausarbeitung verschiedener Tests für diesen Zweck brachte. Er hatte sich vorgenommen, bis Ende 1896 einen Anpassungsgütetest für asymmetrische Verteilungen zu entwickeln. Diese Arbeiten fanden ihren Schlusspunkt im Chi-Quadrat-Test im Jahre 1900.

Die drei Komponenten vom Pearsons Chi-Quadrat-Test (χ^2)der Anpassungsgüte sind folgende:

1. Die Chi-Quadrat-Wahrscheinlichkeitsverteilung, veröffentlicht 1900
2. Der Chi-Quadrat-Anpassungsgütetest aus dem Jahr 1900
3. Der Chi-Quadrat-Assoziationstest für Kontingenztafeln aus dem Jahr 1904 (von R. A. Fisher im Jahr 1923 in „Chi-Quadrat-Statistik" umbenannt).

Was ist eigentlich so wichtig an der Chi-Quadrat-Verteilung und an dem Chi-Quadrat-Anpassungsgütetest?

Die Normalverteilung wird verwendet für stetige Daten, die zur symmetrischen Glockenform konform sind. Dagegen ist die Chi-Quadrat-Verteilung für diskrete Daten einsetzbar, die jede beliebige Verteilungskurve annehmen können, wie z. B. asymmetrische, Binomial- oder Poisson-Verteilungen.

Pearsons Chi-Quadrat-Tests basieren auf zwei unterschiedlichen Hypothesen: Der Anpassungsgütetest stellt fest, wie gut eine empirische Verteilung, die direkt aus den beobachteten Daten erstellt wird, die Stichprobe der Grundgesamtheit beschreibt (z. B. wie genau Experimentaldaten der theoretischen Chi-Quadrat-Verteilung entsprechen).

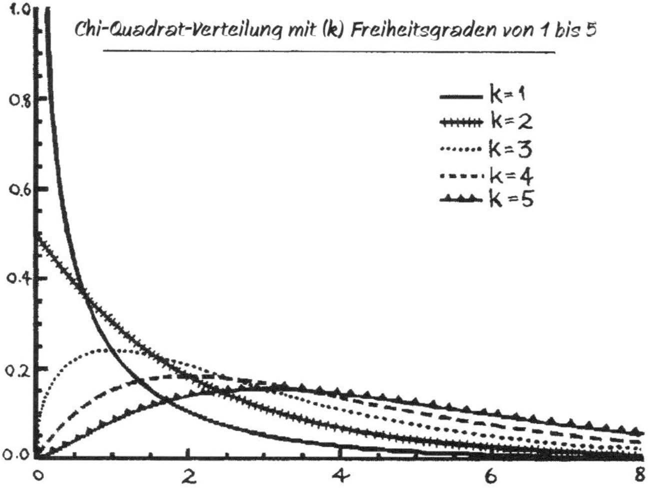

Umgekehrt überprüft der Chi-Quadrat-Koeffizient, der ein Assoziationsmaß ist, die Diskrepanz zwischen beobachteten Daten und den theoretisch erwarteten Daten einer Kontingenztafel.

Im folgenden Beispiel will ein Politikwissenschaftler bei den amerikanischen Präsidentschaftswahlen feststellen, ob eher Frauen oder Männern dazu tendieren, die Republikaner beziehungsweise die Demokraten zu wählen.

Wahlpräferenzen (auf 2 x 2-Kontingenztafel):

Partei	Geschlecht		Gesamt
	Weiblich	Männlich	
Demokraten	a	b	a + b
Republikaner	c	d	c + d
Gesamt	a + c	b + d	N

Die Chi-Quadrat-Statistik für Kontingenztafeln kann am besten mit der verdeutlicht werden, die Pearson 1904 für die 2 x 2-Kontingenztafel erdacht hatte, wobei

$$x^2 = \frac{n\,(ad - bc)^2}{(a + b)\,(c + d)\,(b + d)\,(a + c)}$$

Die Chi-Quadrat-Statistik könnte zum Beispiel zeigen, dass mehr Frauen die Demokraten wählen, während Männer eher die Republikaner befürworten.

Da die beiden Chi-Quadrat-Tests verschiedenen Funktionen dienen, kann man sie (in heutiger Schreibweise) mathematisch auch so darstellen:

$$x^2 = \sum \frac{(O - E)^2}{E}$$

oder

$$\text{Chi-Quadrat} = \left(\frac{\text{Summe aller Werte der (beobachteten Anzahl – erwarteten Anzahl)}^2}{\text{erwartete Anzahl}} \right)$$

Die Chi-Quadrat-Statistik ist flexibel und kann mehrere Kategorien berücksichtigen, jedoch nutzt man dann für diesen Fall die eher allgemeine Regel. Würde also ein Politikwissenschaftler bei Wahlen in Deutschland, wo es mehr als zwei Parteien gibt, den Zusammenhang zwischen Wahlverhalten und Geschlecht untersuchen, so ergäbe sich folgende Tabelle:

Beobachtete Werte für Stimmvorzüge in einer 2 x 6-Tafel:

Partei	**Geschlecht**	
	weiblich	**männlich**
Union		
SPD		
Grüne		
FDP		
Piraten		
Linke		

Wie man Ergebnisse mit Freiheitsgraden interpretiert

Im Unterschied zur Korrelation, bei welcher anhand der Zahlen (z. B. 0.90, 0.50, 0.21) festgestellt werden kann, ob es sich um eine hohe, eine moderate oder eine niedrige Korrelation handelt, ist dies bei der Chi-Quadrat-Statistik nicht möglich. Hier kann man nämlich nicht aus dem Wert, den man aus der Formel erhält, ohne zusätzliche Angaben eine Aussage treffen.

Um die durch die Chi-Quadrat-Statistik berechneten Werte zu interpretieren, definierte Pearson etwas, was er „Korrekturfaktor" nannte. Im Jahr 1922 entwickelte R. A. Fisher die „Freiheitsgrade", um feststellen zu können, ob die Ergebnisse eines Chi-Quadrat-Tests statistisch signifikant sind. Freiheitsgrade basieren auf der Anzahl der Beobachtungen in einer Stichprobe und werden allgemein für die meisten statistischen Methoden verwendet.

Die Chi-Quadrat-Wahrscheinlichkeitstafel

Pearson und seine Schülerin **Alice Lee** (1858-1939) berechneten 1900 eine Wahrscheinlichkeitstafel. Ein Jahr später modifizierte sie ein anderer Student, **William Palin Elderton** (1877-1962). Mithilfe dieser Wahrscheinlichkeitstafel konnte jeder Wissenschaftler die berechneten Chi-Quadrat-Werte und den erforderlichen Korrekturfaktor checken, um zu überprüfen, ob die Ergebnisse statistisch signifikant sind.

Auch wenn Elderton Signifikanztests schon im Jahr 1885 diskutierte, machte Pearsons Chi-Quadrat-Test es möglich, in einem größer angelegten Rahmen die statistische Signifikanz von Untersuchungsergebnissen zu bestimmen, als es zuvor möglich war. Spätere Generationen von Statistikern konnten dann zeigen, dass noch andere Faktoren zum korrekten Freiheitsgrad in Chi-Quadrat-Tests beitragen.

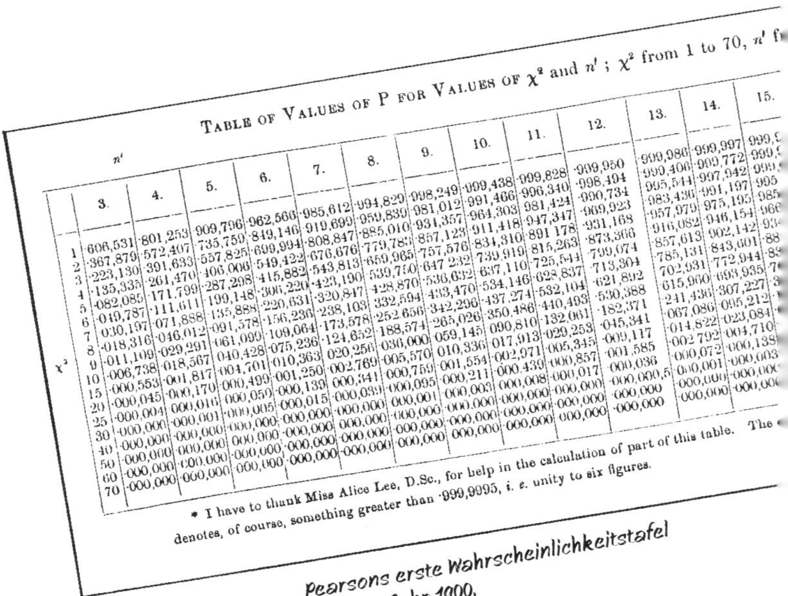

TABLE OF VALUES OF P FOR VALUES OF χ^2 and n'; χ^2 from 1 to 70, n' f

χ^2 \ n'	3.	4.	5.	6.	7.	8.	9.	10.	11.	12.	13.	14.	15.
1	·606,531	·801,253	·909,796	·962,566	·985,612	·994,829	·998,249	·999,438	·999,828	·999,950	·999,986	·999,997	·999,9
2	·367,879	·572,407	·735,759	·849,146	·919,699	·959,839	·981,012	·991,466	·996,340	·998,494	·999,406	·999,772	·999,9
3	·223,130	·391,633	·557,825	·699,994	·808,847	·885,010	·934,357	·964,303	·981,424	·990,734	·995,544	·997,942	·999,
4	·135,335	·261,470	·406,006	·549,422	·676,676	·779,783	·857,123	·911,418	·947,347	·969,923	·983,436	·991,197	·995
5	·082,085	·171,799	·287,298	·415,882	·543,813	·659,965	·757,576	·834,310	·891 178	·931,168	·957,979	·975,195	·985
6	·049,787	·111,611	·199,148	·306,220	·423,190	·539,750	·647 232	·739,919	·815,263	·873,366	·916,082	·946,154	·966
7	·030,197	·071,888	·135,888	·220,631	·320,847	·428,870	·536,632	·637,110	·725,544	·799,074	·857,613	·902,142	·93
8	·018,316	·046,012	·091,578	·156,236	·238,103	·332,594	·433,470	·534,146	·628,837	·713,304	·785,131	·843,601	·88
9	·011,109	·029,291	·061,099	·109,064	·173,578	·252.656	·342,296	·437,274	·532,104	·621,892	·702,931	·772,944	·83
10	·006,738	·018,567	·040,428	·075,236	·124,652	·188,574	·265,026	·350,486	·440,493	·530,388	·615,960	·693,935	·7
15	·000,553	·001,817	·004,701	·010,363	·020,256	·036,000	·059,145	·090,810	·132,061	·182,371	·241,436	·307,227	·3
20	·000,045	·000,170	·000,499	·001,250	·002.769	·005,570	·010,336	·017,913	·029,253	·045,341	·067,086	·095,212	·
25	·000,004	·000,016	·000,050	·000,139	·000,341	·000,759	·001,554	·002,971	·005,345	·009,117	·014,822	·023,084	
30	·000,000	·000,001	·000,005	·000,015	·000,039	·000,095	·000,211	·000.439	·000,857	·001,585	·002 792	·004,710	
40	·000,000	·000,000	·000,000	·000,000	·000,000	·000,001	·000,003	·000,008	·000,017	·000,036	·000,072	·000,138	
50	·000,000	·000,000	·000,000	·000,000	·000,000	·000,000	·000,000	·000,000	·000,000	·000,000,5	·000,001	·000,003	
60	·000,000	·000,000	·000,000	·000,000	·000,000	·000,000	·000,000	·000,000	·000,000	·000,000	·000,000	·000,00	
70	·000,000	·000,000	·000,000	·000,000	·000,000	·000,000	·000,000	·000,000	·000,000	·000,000	·000,000	·000,00	

* I have to thank Miss Alice Lee, D.Sc., for help in the calculation of part of this table. The denotes, of course, something greater than ·999,9995, *i. e.* unity to six figures.

Pearsons erste Wahrscheinlichkeitstafel aus dem Jahr 1900.

Ein statistischer Test für die Guinness-Brauerei

Die erste statistische Qualitätskontrolle für die Industrie wurde Anfang des 20. Jahrhunderts vom Statistiker und Chemiker William Sealy Gosset erdacht, ein Braumeister der Guinness-Brauerei. Da er vertraglich verpflichtet war, nicht unter seinem Namen zu veröffentlichen (wahrscheinlich wollte die Guinness-Brauerei der Konkurrenz nicht verraten, dass sie einen Teil ihres wissenschaftlichen Personals in statistischer Theorie fortbildete), übernahm er das Pseudonym „Student". Dies war übrigens üblich bei Guinness: Gossets Assistent, Edward N. Sommerfield, nutzte beispielsweise das Pseudonym „Alumnus".

Wie kann man Bierzutaten quantifizieren?

Guinness hatte große Interessen in der landwirtschaftlichen Produktion, vor allem am Anbau von Gerste für die Bierherstellung. Dies brachte Gosset dazu, Labortests und Experimente auf den Anbaufeldern durchzuführen.

Doch solche qualitativen Kriterien waren schwer zu messen. Die Guinness-Brauerei wusste also weder genau, was ihr Stout so beliebt machte, noch wie die Qualität beibehalten oder verbessert werden könnte. Sie wollte also herausfinden, unter welchen Bedingungen die Produktion dieser Gersten- und Hopfensorten optimale Ergebnisse für das Mälzen und Brauen ergab.

Landwirtschaftliche Variationen

Als Gosset zu Guinness kam und in der Brauerei eine riesige Datenmenge von chemischen Analysen vorfand, wollte er herausfinden, ob man mithilfe dieser Daten einen Zusammenhang zwischen der Qualität des Rohmaterials, wie Gerste und Hopfen, und der des Fertigprodukts nachweisen könnte. Als er anfing, diese statistischen Analysen zu planen, musste er allerdings zwei Probleme lösen: Die Variation war groß und die Menge statistischer Daten im Vergleich dazu gering.

Die Guinness-Brauerei brauchte also eine Vorgehensweise, um herauszufinden, was relevant war und was man ignorieren konnte. Pearsons statistische Methoden boten hier ein mögliches Werkzeug, um die Variation zu analysieren. Gosset verabredete sich mit Pearson für den 12. Juli 1905 in Pearsons Urlaubsort East Ilsley in Berkshire, welches in Fahrraddistanz zu Welton, Oxford, liegt.

Kleine oder große Stichproben?

Gosset erzählte Pearson, dass eines seiner größten Probleme in geringen Stichprobenumfängen bestand – Gosset hatte typischerweise eine Stichprobengröße von zehn Beobachtungen für jede Gerstenvarietät, was sehr klein im Vergleich zu Pearsons Stichprobengrößen war. Um dieses Problem zu beheben, entwickelte Gosset den ersten statistischen Qualitätskontrolltest.

Gosset passte Pearsons Methoden an kleinere Stichprobengrößen an und nutzte auch einige von Astronomen verwendete statistische Methoden. Letztere waren jedoch von eingeschränktem Nutzen, weil sie auf Beobachtungen beruhten, die unter stabilen Bedingungen gemacht wurden, während landwirtschaftliche Einflussgrößen eher instabil sind. Sie waren also sehr variabel und wurden im Labor noch zusätzlich durch die Art des Versuchsaufbaus beeinflusst.

Statistische Unterschiede zwischen zwei Mittelwerten

Durch die Kombination der Ansätze von Pearson und den Astronomen konnte Gosset die statistischen Instrumente erarbeiten, die er für seine experimentellen Daten brauchte. Er wollte herausfinden, ob es einen signifikanten Unterschied zwischen zwei Düngemethoden gab, die für zwei Gerstensorten auf benachbarten Äckern verwendet wurden, welche unterschiedliche Bodenqualität, Düngemittel und Wetterbedingungen aufwiesen.

Die Idee, den Unterschied zwischen den Mittelwerten von zwei Gruppen zu messen und eine sinnvolle Interpretation für kleine Stichprobengrößen zu finden, hatten schon in den 1850er Jahren der französische Physiker Pierre Louis und der deutsche Mediziner Gustav Radicke gehabt, scheiterten jedoch an der praktischen Umsetzung. Gosset schlug seinen **z-Test** vor, um berechnen zu können, ob es eine entscheidende Abweichung zwischen dem Mittelwert der Stichprobe und demjenigen der Grundgesamtheit gab.

Statistische Ergebnisse für Guinness

Die Analyse der Gerstensorten durch den neuen „Gosset -z-Test" ergab, dass die Sorte „Archer" die beste Gerste für Guinness-Bier lieferte. Als man wusste, welche Gerste man kaufen musste, wollte die Guinness-Brauerei die Sorte in ganz Irland anpflanzen.

Gossets Test wurde zum ersten statistischen Test für industrielle Qualitätskontrolle. Seine Idee, welche auf die Wichtigkeit einer Qualitätskontrolle für Produkte hinwies, beeinflusste eine neue Generation von Statistikern, wie R. A. Fisher, Walter Shewhart (1891-1967) und W. Edwards Deming (1900-1993).

Student-t-Test

R.A. Fisher war von Gossets statistischem Test dermaßen beeindruckt, dass er 1924 Gossets z-Verhältnis verändert übernahm und es dann als „Student-t-Test" wiedereinführte. Fisher berechnete Gossets Werte aus der z-Tafel neu und ersetzte letztere so durch eine t-Tafel, die er „Student-t-Verteilung" taufte. Der Student-t-Test wurde durch folgende Formel neu ausgedrückt:

Standardfehler

$$t = \frac{\text{Stichprobenmittelwert aus Gruppe 1 - Stichprobenmittelwert aus Gruppe 2}}{\text{Standardfehler der Differenzen}} \quad \left\{ \frac{\bar{X}_1 - \bar{X}_2}{se} \right\}$$

Standard-
fehler

Es gibt drei Hauptanwendungen des t-Tests:

Fisher entwickelte Gossets Arbeit durch die „Varianzanalyse" weiter, die er für seine berühmten Weizen-Experimente auf den sogenannten Broadbalk-Feldern (*Broadbalk* Winter Wheat Experiment) an der Rothamsted Experimental Station, Harpenden, Hertfordshire (nördlich von London), verwendete.

Eine neue Ära in der Statistik: die Broadbalk-Daten

Obwohl ihm Pearson 1919 eine Stelle am University College London anbot, entschied sich Fisher für den Vorschlag von Sir John Russel, an der Rothamsted Experimental Station zu arbeiten, um an den Broadbalks-Feldversuchen mitzuwirken. Hier konnte er seine statistischen Innovationen verwirklichen.

Rothamsted ist wohl das älteste Agrarforschungsinstitut der Welt. Es wurde 1834 von **John Bennet Lawes** (1814-1902) gegründet, dessen Vorfahren das Land seit 1623 besessen hatten.

Im Jahr 1834 schloss sich der Chemiker **Joseph Henry Gilbert** (1817-1901) Lawes' Experimenten in Broadbalk an. Zusammen veröffentlichten sie alle statistischen Details ihrer Analyse und Experimente und zeigten, dass die einfach durchgedüngten Parzellen 12 bis 13 Bushel pro Jahr produzierten, während die geplant gedüngten Parzellen 30 bis 40 Bushel pro Jahr ergaben.

Das Ende des Ersten Weltkrieges im Jahr 1918 führte zu einer Zeit von Wachstum und Neuaufbau in Rothamsted. Ein Jahr später stellte der Agrarchemiker **Edward John Russel** (1872-1965) den in Cambridge ausgebildeten Mathematiker Fisher an.

Fishers statistische Varianzanalyse

Fisher leistete 1919 bis 1926 Pionierarbeit bei den Prinzipien für die Untersuchungsanordnung von Experimenten und entwickelte seine statistische Methode der **Varianzanalyse** (ANOVA = **An**alysis **O**f **Va**riance) weiter, an der er schon 1916 angefangen hatte zu arbeiten. Obwohl alle Experimente Zusammenhänge zwischen Variablen untersuchten, war es bisher nicht möglich gewesen, diese Zusammenhänge systematisch zu behandeln, bis Fisher eine neue und bahnbrechende Methode in seinem Buch *Statistical methods for research workers* (dt. *Statistische Methoden für die Wissenschaft*) (1925) vorstellte.

Die Analyse landwirtschaftlicher Variationen

Fisher realisierte, dass es wichtig war, bei der Weizenernte zwischen drei Variationsarten zu unterscheiden: die *jährliche Variation*, die direkt auf meteorologischen Faktoren und auf der Zusammensetzung der Bodenmineralien beruht; die *stetige Variation*, die auf das Verfallen der Nährsalze in der Erde zurückzuführen ist; und die langsame Variation, die aus kleinen unerwarteten Veränderungen besteht.

Die Varianzanalyse und kleine Stichproben

Die Varianzanalyse (ANOVA) bezeichnet eine Sammlung statistischer Modelle für experimentelle Daten, die beobachtete Variation in unterschiedliche Teile teilt; dieses Verfahren der Aufteilung von Varianz ist zentral für Fishers statistischen Ansatz.

Fisher führte 1932 die **Kovarianzanalyse** (**ANCOVA** = **An**alysis of **Cova**riance) zur statistischen Kontrolle einer Variablen ein. Dabei rechnet man den Einfluss einer Variablen aus den anderen heraus, was die Genauigkeit des Experimentes erhöhen kann, indem die Fehlervarianz reduziert wird. Pearson hatte 1896 mit der semipartiellen Korrelation ein ähnliches Analyseverfahren entwickelt.

Inferenzstatistik

Aufbauend auf Pearsons Methoden, erweiterte Fisher nicht nur die existierende Terminologie, sondern seine statistischen Innovationen (die **inferentielle Statistik**) waren auch der Startschuss für die zweite Ära der modernen mathematischen Statistik. Während Inferenzstatistik auf zufälliger Variation basiert, ermöglicht diese neuere Form der Statistik die formale Überprüfung von Hypothesen und die Schätztheorie.

Hypothesenüberprüfung ist ein wissenschaftlicher Prozess zur rationalen Entscheidung zwischen zwei verschiedenen Behauptungen. Die Schätztheorie ist ein Zweig der Statistik, der sich mit dem Schätzen von Parametern beschäftigt (siehe nächste Seite), die auf von Forschern gesammelten Daten basieren. Wenn beispielsweise ein Politikwissenschaftler schätzen will, wie groß der Anteil der Wähler in Deutschland ist, so stellt der Anteil der Wähler den unbekannten Parameter dar, und die Schätzung basiert auf einer kleinen zufälligen Stichprobe von Wahlberechtigten.

Die Stichprobenverteilung

Um verallgemeinernde Aussagen über eine Grundgesamtheit zu machen, werden in der Statistik Informationen an Hand von repräsentativen Stichproben gesammelt.

Jede Stichprobe der Grundgesamtheit hat ihre eigene Statistik (m, s oder r), die zur Schätzung der Parameter (m, s oder r) in der Grundgesamtheit dient. Laut Fisher soll eine Stichprobenstatistik ein erwartungstreuer Schätzer der entsprechenden Parameter in der Grundgesamtheit sein. (Fisher entwickelte drei weitere Anforderungen an die Eigenschaften von Parameterschätzungen: Konsistenz, Effizienz und Suffizienz.)

Um aus einer Stichprobenstatistik Schätzwerte für die Parameter der Grundgesamtheit abzuleiten, benutzt man die Stichprobenverteilung. Anstatt nur einer Stichprobe werden viele mögliche Stichproben aus der Grundgesamtheit betrachtet; jede Stichprobe liefert jeweils einen Mittelwert, eine Standardabweichung und eine Korrelation. Im Durchschnitt sollten die Statistiken aus allen Stichproben nah am Parameter der Grundgesamtheit liegen.

Folglich ist ein Parameter der Grundgesamtheit die zusammenfassende Aussage über eine Wahrscheinlichkeitsverteilung, während eine Stichprobenstatistik die Zusammenfassung einer Stichprobe von Beobachtungen ist.

Fishers Methode basierte nicht nur auf Pearsons Arbeit, sondern war auch eine Neuformulierung der statistischen Sprache Pearsons. Sie wurde gängige Ausdrucksweise der modernen mathematischen Statistik, obwohl Pearsons Methoden und seine Sprache weiterhin Teil der statistischen Theorie blieben.

Zusammenfassung

Das bürokratische Sammeln großer Datenmengen über die Bevölkerung ermöglichte es viktorianischen Statistikern, ein System zur Erfassung von Daten zur Volksgesundheit zu etablieren, das zu politischen Reformen und zum Entstehen des Public Health Act führte. Die Vorstellung der Bevölkerungsstatistiker, dass statistische Variation eine Quelle von Fehlern sei, die es abzuschaffen gilt, wurde durch Charles Darwins Theorie der biologischen Variation und von seiner statistischen Auffassung der Spezies erschüttert. Die darwinsche Theorie schuf den Rahmen für eine Neukonzeption der statistischen Methodologie. Vorreiter war dabei Francis Galton, der seine Aufmerksamkeit auf individuelle Unterschiede richtete und das Konzept der Variation in den Vordergrund rückte. Seine Studien weckten auch das Interesse von W. F. R. Weldon, dessen Ideen, Ermutigung und Unterstützung der Impetus für Karl Pearson und seine Kollegen waren, um eine moderne mathematische Statistik aufzubauen.

Der erste industrielle Test zur Qualitätskontrolle wurde von Pearsons Student William Sealy Gosset entworfen. Seine Arbeit inspirierte Ronald Fisher, der eine statistische Herangehensweise zur Analyse kleiner Stichproben entwickelte. Dadurch führte er experimentelle Versuchsanordnungen und Randomisierung in die statistische Theorie ein. Fishers Beiträge zur inferentiellen Statistik leiteten die zweite Ära der modernen mathematischen Statistik ein.

Seit dem 20. Jahrhundert wird Statistik als Sprache für medizinische, wirtschaftliche und politische Dialoge gebraucht. Folglich hat sie auch Einzug in die Alltagssprache gefunden. Statistische Informationen können einen großen Einfluss auf das Leben der Menschen haben: Sie beeinflussen Entscheidungen über medizinische Behandlungen, Wahlausgänge oder auch beim Autokauf oder Shopping. Auch im High-Tech-Zeitalter des 21. Jahrhunderts bleibt das Grundverständnis von Statistik von zentraler Bedeutung für unser tägliches Leben.

Zum Weiterlesen und Vertiefen:

Desrosières, Alain: *Die Politik der großen Zahlen: Eine Geschichte der statistischen Denkweise.* Springer-Vlg. Berlin/Heidelberg 2005.

Gigerenzer, Gerd: *Das Einmaleins der Skepsis. Über den richtigen Umgang mit Zahlen und Risiken.* Berlin-Vlg. Berlin 2002.

ders.: *Risiko. Wie man die richtigen Entscheidungen trifft.* C.Bertelsmann-Verlag. München 2013.

Gonick, Larry; Smith, Woollcott: *Statistik in Cartoons.* Franz Vahlen-Vlg. München 2009.

Gould, Stephen Jay: *Der falsch vermessene Mensch.* Suhrkamp TB. Frankfurt a.M. 1988.

Gould, Stephen Jay: *Illusion Fortschritt. Die vielfältigen Wege der Evolution.* Fischer-Vlg. Berlin/Heidelberg ³2004.

Lindenberg, Andreas; Wagner, Irmgard: *Statistik macchiato. Cartoonkurs für Schüler und Studenten.* Pearson. München ²2011.

Oestreich, Markus; Romberg Oliver: *Keine Panik vor Statistik! Erfolg und Spaß im Horrorfach nichttechnischer Studiengänge.* Springer-Vlg. Berlin/Heidelberg 2012.

Quatember, Andreas: *Statistik ohne Angst vor Formeln. Das Studienbuch für Wirtschafts- und Sozialwissenschaftler.* Pearson. München ³2010.

Stigler, Stephen M.: *Statistics on the Table. The History of Statistical Concepts and Methods.* Havard University Press. Cambridge (MA) 2002.

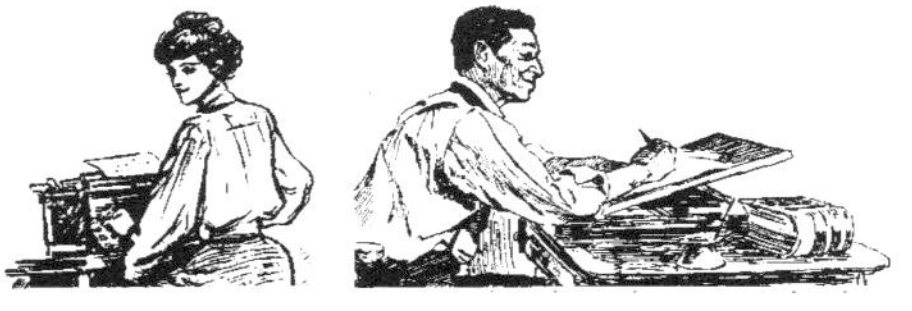

Die Autorin

Eileen Magnello. Studierte Statistik und promovierte in Wissenschaftsgeschichte am St. Antony's College, Oxford University. Sie hat ausführlich über Karl Pearson veröffentlicht und ist Autorin mehrerer Bücher zur Wissenschaftsgeschichte und Geschichte der Statistik.

Der Zeichner

Borin Van Loon ist Maler und Zeichner. Seine Comics sind in der Graphic Novel *„The Bart Dickon Omnibus"* zusammengetragen. Er hat an einigen Bänden der Infocomic-Serie mitgearbeitet.

Seine Homepage: http://www.bartdickonline.co.uk/

Index